本教材由山东省高等教育本科教改项目（M2018X016）、2018山东省高校基层党建突破项目（0003490103）、德州学院重点教研课题（2018005）和德州学院教材出版基金资助出版

食品添加剂与掺伪检测实验指导

主　编：李天骄　曾强成

副主编：焦德杰　张　红

参　编：周海霞　何　庆　曹际云　崔培培
　　　　王丽燕　魏振林

辽宁大学出版社
Liaoning University Press

图书在版编目（CIP）数据

食品添加剂与掺伪检测实验指导/李天骄，曾强成
主编. 一沈阳：辽宁大学出版社，2020.9
　　食品质量与安全专业实验育人系列教材
　　ISBN 978-7-5698-0133-0

　　Ⅰ.①食… Ⅱ.①李…②曾… Ⅲ.①食品检验－实
验－教材 Ⅳ.①TS207.3-33

中国版本图书馆 CIP 数据核字（2020）第 179816 号

食品添加剂与掺伪检测实验指导
SHIPIN TIANJIAJI YU CHANWEI JIANCE SHIYAN ZHIDAO

出　版　者：辽宁大学出版社有限责任公司
　　　　　　（地址：沈阳市皇姑区崇山中路 66 号　　邮政编码：110036）
印　刷　者：大连金华光彩色印刷有限公司
发　行　者：辽宁大学出版社有限责任公司
幅面尺寸：170mm×240mm
印　　张：12
字　　数：234 千字
出版时间：2020 年 9 月第 1 版
印刷时间：2021 年 1 月第 1 次印刷
责任编辑：张　蕊
封面设计：孙红涛　韩　实
责任校对：齐　悦

书　　号：ISBN 978-7-5698-0133-0
定　　价：39.00 元

联系电话：024-86864613
邮购热线：024-86830665
网　　址：http://press.lnu.edu.cn
电子邮件：lnupress@vip.163.com

前　言

民以食为天，食品是人类生存和社会发展的物质基础，是人们从事劳动生产及其他活动的能量源泉，也是国家稳定和社会发展的前提。食品的特殊性使食品产业成为"朝阳产业"，在当今社会得到不断的发展。随着现代化、工业化的发展，人民生活水平的日益提高，人们在温饱之余更加关注食品安全。由一些食品生产企业、产品生产者道德与诚信的缺失，及其对非法添加物的违规使用，使得食品安全事件频频发生。

本教材参照教育部颁发的《高等学校课程思政建设指导纲要》，以习近平新时代中国特色社会主义思想为指导，以落实能力培养和立德树人为根本任务，按照价值引领、能力达成、知识传授的总体要求，深化实验课程教学改革，充分发挥实验课程育人作用，着力培养有社会责任、有家国情怀、有创新精神、有专门知识、有实践能力、有健康身心的社会主义合格建设者和接班人。

食品类专业毕业生大多从事同食品生产与检验等和人们健康、食品安全有关的职业。本教材参照《中华人民共和国食品安全法》《食品安全国家标准食品添加剂使用标准》（GB 2760—2014）等最新的法规标准，结合国内外最新研究成果与发展动态进行编制。本教材对食品添加剂的应用、检测和常见食品掺伪的检测进行梳理，将全书分成三部分：基础实验、综合检验实验、创新研究性实验。

本教材既可以作为食品科学类专业相关课程的实验教材，也可以作为相关行业从事食品检测的人员的参考书，还可以为民众选择食品提供指导。本教材在编写过程中得到了编写者所在单位及专业领域同仁的大力支持，编者在此表示衷心感谢。由于编写者水平有限，书中难免有不足，恳请读者批评指正。

目　录

第一部分　基础实验

本部分以基础实验为主，共包含24个基础性实验，基础性实验用以训练和培养学生进行食品类实验操作的基本技能，包括溶液的配制、常规仪器设备的使用、实验结果的计算和描述等。通过学生对该部分基础实验的学习，在知识目标方面，学生能解释实验的基本原理，理解理论知识；在技能目标方面，学生能规范食品类实验操作；在情感、价值观目标方面，学生能塑造积极实践、认真观察、以事实为依据的品格，提升进行科学研判的思辨能力和安全意识等，树立注重食品安全的新观念。

思政触点一：紫外－可见分光光度计法测定饮料中苯甲酸钠的含量（实验一）——提高规则意识与安全意识，养成规范操作、躬行实践、勤于思考、团结协作的科研精神。

食品防腐剂是一类关注度较高且极易出现安全问题的食品添加剂。教师在授课过程中可再次强调食品添加剂的使用要求和标准，培养学生的规则意识，关注食品安全问题，提高其专业认知度。在讲解实验时，教师可指定实验小组中的学生负责实验任务，指出每位学生负责的任务在本实验中的重要作用，培养学生的团队意识、责任心和协作能力。在分析实验结果时，教师可结合错误案例和学生一起分析原因，培养学生勤勉节俭、珍惜资源、规范操作、躬行实践的科研素养。

思政触点二：油脂酸价的测定（实验六）——形成以事实为依据进行科学研判的思辨能力。

教师授课前应先带领学生回顾油脂的氧化过程及危害，培养学生健康生活的理念。教师要引导学生将感官评价和数据分析相结合，形成以事实为依据进行科学研判的思辨能力。

实验一　紫外 – 可见分光光度计法测定饮料中苯甲酸钠的含量

一、实验目的

（1）了解和熟悉紫外 – 可见分光光度计法的原理和结构。

（2）掌握用紫外 – 可见分光光度计法测定苯甲酸钠的吸收光谱。

（3）掌握用标准曲线法测定样品中苯甲酸钠的含量。

（4）掌握苯甲酸 / 苯甲酸钠的使用标准，培养学生的责任意识、安全意识和规则意识，提高学生的专业认知度，增强学生的社会责任感。

（5）养成勤勉节约和规范操作的实验习惯，体会团结协作的重要性。

二、实验原理

为了防止食品在储存、运输过程中被腐蚀、发生变质，食品生产者常在食品中添加少量防腐剂。在食品卫生标准中，国家对防腐剂使用的品种和用量有严格的规定，苯甲酸及其钠盐、钾盐均是食品卫生标准允许在食品中使用的主要防腐剂，根据 GB 2760—2014 的规定，碳酸饮料中苯甲酸钠被允许使用的最大用量为 0.2 g/kg。

苯甲酸具有芳香结构，在波长 225 nm 和 272 nm 处分别有 K 吸收带和 B 吸收带。根据苯甲酸（钠）在 225 nm 处有最大吸收的特性，如想测得其吸光度，便可先用标准曲线法求出样品中苯甲酸钠的含量。

三、实验仪器和试剂

1.仪器

紫外 – 可见分光光度计，1.0 cm 石英比色皿，50 mL 容量瓶。

2.试剂

NaOH 溶液（0.1 mol/L）。

3.苯甲酸钠标准溶液的配制

（1）苯甲酸钠标准贮备液（1.000 g/L）：准确称量经过干燥的苯甲酸钠 1.000 g（105 ℃干燥处理 2 h）于 1 000 mL 容量瓶中，用适量的蒸馏水溶解后定容。该贮备液可置于冰箱保存一段时间。

（2）苯甲酸钠标准溶液（100 mg/L）：准确移取苯甲酸钠储备液 10.00 mL 于 100 mL 容量瓶中，加入蒸馏水稀释定容。

（3）系列标准溶液的配置：分别准确移取苯甲酸钠标准溶液 1.00 mL、2.00 mL、3.00 mL、4.00 mL、5.00 mL 于 5 个 50 mL 容量瓶中，各加入 0.1 mol/L 的 NaOH 溶液 1.00 mL 后，用蒸馏水稀释定容，得到浓度分别为 2.0 mg/L、4.0 mg/L、6.0 mg/L、8.0 mg/L、10.0 mg/L 的苯甲酸钠系列标准溶液。

四、实验步骤

1. 标准曲线的绘制

（1）系列标准溶液的配制，见表 1。

表 1　系列标准溶液的配制

编号	1	2	3	4	5	6
100 mg/L 苯甲酸钠标准溶液体积 /mL	0.00	1.00	2.00	3.00	4.00	5.00
0.1 mol/L NaOH 溶液体积 /mL	1.00					
蒸馏水定容体积 /mL	50					
苯甲酸钠标准溶液浓度 /（mg/L）	0.0	2.0	4.0	6.0	8.0	10.0
吸光度 A						

（2）吸收曲线的测定。用某一浓度较高的标准液，如 4 号或 5 号溶液，于 210 ～ 300 nm 波长范围内扫描，即得苯甲酸钠的吸收曲线。

（3）由吸收曲线找出最大吸收波长 λ_{max}。

（4）在最大吸收波长处测定各标准溶液的吸光度 A，计算线性方程和相关系数。

2. 市售饮料溶液中苯甲酸钠含量测定

（1）准确移取市售饮料 1.5 mL 于 50 mL 容量瓶中，超生脱气 5 min 驱赶二氧化碳后，加入 0.1 mol/L 的 NaOH 溶液 1.00 mL，用蒸馏水稀释定容。

（2）测定样品的吸光度。

（3）结合标准曲线计算样品中苯甲酸钠的含量。

五、注意事项

（1）试样和标准工作曲线的实验条件应完全一致。

（2）不同品牌的饮料中苯甲酸钠含量不同，移取时样品量可酌情增减。

六、思考题

（1）本实验为什么要用石英比色皿？可否用玻璃比色皿替代？

（2）如果样品中加入的是苯甲酸，本方法能否测定实验目标？

实验二　用双相滴定法测定苯甲酸钠含量（中国药典）

一、实验目的

掌握双相滴定法测定苯甲酸钠含量的原理和操作步骤。

二、实验原理

苯甲酸钠为有机酸的碱金属盐，显碱性，可用盐酸标准液滴定。

在水溶液中滴定时，由于碱性较弱，突跃不明显，故加入与水不相溶混的溶剂乙醚提取反应生成物苯甲酸，使反应定量完成，也避免了苯甲酸在瓶中析出影响终点的观察。

$$含量（\%） = \frac{V \times T \times F}{M} \times 100\%$$

三、实验仪器和试剂

1. 仪器

分液漏斗、容量瓶、移液管、具塞锥形瓶、酸式滴定管、分析天平、烧杯、量筒。

2. 试剂

乙醚、甲基橙、盐酸。

四、实验步骤

取苯甲酸钠 1.5 g，精密称定，并置于分液漏斗中，加水约 25 mL，乙醚 50 mL 与甲基橙指示液 2 滴，用盐酸滴定液（0.5 mol/L）滴定，随滴随振摇，至水层显持续橙红色，分取水层，置具塞锥形瓶中，乙醚层用水 5 mL 洗涤，洗涤液并入锥形瓶中，加乙醚 20 mL，继续用盐酸滴定液（0.5 mol/L）滴定，随滴随振摇，至水层显持续橙红色，即得，每 1 mL 的盐酸滴定液（0.5 mol/L）相当于 72.06 mg 的 $C_7H_5O_2Na$。

本品按干燥品计算，含 $C_7H_5O_2Na$ 不得少于 99.0%。

五、实验结果

请将实验结果填入表 1。

表 1　实验结果记录表

记录项目				
苯甲酸钠质量 /mg				
盐酸滴定液滴定	V_0 终读数 /mL			
	V_1 初读数 /mL			
	V_2 盐酸体积 /mL			
盐酸滴定液的滴定度 T				
盐酸滴定液的实际浓度 /（mol/L）				
苯甲酸钠的百分含量 /%				
苯甲酸钠的平均百分含量 /%				
相对标准偏差 /%				

六、注意事项

（1）滴定时应充分振摇，使生成的苯甲酸转入乙醚层。

（2）在振摇和分取水层时，应避免样品的损失，滴定前，应用乙醚检查分液漏斗是否严密。

七、思考题

（1）乙醚为什么要分两次加入？第一次滴定至水层显持续橙红色时，是否已达终点？为什么？

（2）分取水层后乙醚层用 5 mL 水洗涤的目的是什么？

实验三　用硫代巴比妥酸比色法测定山梨酸含量

一、实验目的

掌握比色法测定山梨酸含量的原理和操作方法。

二、实验原理

利用自样品中提取出来的山梨酸及其盐类，在硫酸及重铬酸钾的氧化作用下产生丙二醛，丙二醛与硫代巴比妥酸作用产生红色化合物，其红色深浅与丙二醛浓度成正比，并于波长 530 nm 处有最大吸收，符合比尔定律，故可用比色法测定，反应如下：

三、实验仪器和试剂

1. 仪器

紫外 – 可见分光光度计、组织捣碎机、10 mL 比色管。

2. 试剂

（1）硫代巴比妥酸溶液：准确称取 0.5 g 硫代巴比妥酸于 100 mL 容量瓶中，加 20 mL 蒸馏水，然后加入 10 mL 氢氧化钠溶液（1 mol/L），充分摇匀，使之完全溶解后再加入 11 mL 盐酸（1 mol/L），用水稀释至刻度（此溶液要在使用时新配制，最好在配制后不超过 6 h 内使用）。

（2）重铬酸钾—硫酸混合液：用 0.1 mol/L 重铬酸钾和 0.15 mol/L 硫酸以 1∶1 的比例混合均匀配制备用。

（3）山梨酸钾标准溶液：准确称取 250 mg 山梨酸钾于 250 mL 容量瓶中，用蒸馏水溶解并稀释至刻度，使之成为 1 mg/mL 的山梨酸钾标准溶液。

（4）山梨酸钾标准使用溶液：准确移取山梨酸钾标准溶液 25 mL 于 250 mL 容量瓶中，稀释至刻度，充分摇匀，使之成为 0.1 mg/mL 的山梨酸钾标准使用溶液。

四、实验步骤

1. 样品的处理

称取 100 g 样品，加蒸馏水 200 mL，于组织捣碎机中捣成匀浆。称取此匀浆 100 g，加蒸馏水 200 mL 继续捣碎 1 min，称取 10 g 于 250 mL 容量瓶中定容摇匀，过滤备用。

2. 山梨酸钾标准曲线的绘制

分别吸取 0.0 mL、2.0 mL、4.0 mL、6.0 mL、8.0 mL、10.0 mL 山梨酸钾标准使用溶液于 200 mL 容量瓶中，以蒸馏水定容。（分别相当于 0.0 μg/mL、1.0 μg/mL、2.0 μg/mL、3.0 μg/mL、4.0 μg/mL、5.0 μg/mL 的山梨酸钾）。再分别吸取 2.0 mL 于相应的 10 mL 比色管中，加 2.0 mL 重铬酸钾 – 硫酸溶液，于 100 ℃水浴中加热 7 min后，立即加入 2.0 mL 硫代巴比妥酸溶液，继续加热 10 min 后，立即取出迅速用冷水冷却，在紫外 – 可见分光光度计上 530 nm 处测定吸光度，并绘制标准曲线。

3. 样品的测定

吸取样品处理液 2 mL 于 10 mL 比色管中，按标准曲线绘制的操作程序，自"加 2.0 mL 重铬酸钾 – 硫酸溶液"开始依次操作，在紫外 – 可见分光光度计 530 nm 处测定吸光度，从标准曲线中查出相应浓度。

五、结果计算

$$X_1 = \frac{A \times 250}{m \times 2} \quad X_2 = \frac{X_1}{1.34}$$

式中：

X_1——样品中山梨酸钾的含量（g/Kg）；

X_2——样品中山梨酸的含量（g/Kg）；

A——试样液中含山梨酸钾的浓度（mg/mL）；

m——称取匀浆相当于试样的质量（g）；

2——用于比色时试样溶液的体积（mL）；

250——样品处理液总体积（mL）。

实验四 油脂中水分和挥发物的测定

一、实验目的

油脂中水分含量的多少直接影响着食用油脂的感官性状、胶体状态的形成及食品中营养成分的稳定性。挥发性成分对控制食品的感官质量有重要意义。

二、实验原理

在 103 ℃ ± 2 ℃的条件下，对测试样品进行加热，至水分及挥发物完全散尽，测定样品损失的质量。

三、实验仪器

分析天平：分度值 0.000 1 g。

碟子：陶瓷或玻璃的平底碟。

温度计：刻度范围至少 80 ℃～110 ℃。

干燥器：内含有效的干燥剂。

沙浴或电热板。

四、实验步骤

1. 试样制备

在预先干燥并与温度计一起称量的碟子中，称取试样约 20 g，精确至 0.001 g。

液体样品：对于澄清无沉淀物的液体样品，在密闭的容器中摇动，使其均匀。对于有混浊或有沉淀物的液体样品，在密闭的容器中摇动，直至沉淀物完全与容器壁分离，并均匀地分布在油体中。检查是否有沉淀物吸附在容器壁上，如有吸附，应完全清除（必要时打开容器），使它们完全与油混合。

固体样品：将样品加热至刚变为液体，按液体试样操作，使其充分混匀。

2. 试样测定

将装有测试样品的碟子在沙浴或电热板上加热至 90 ℃，升温速率控制在 10 ℃/min 左右，边加热边用温度计搅拌。降低加热速率，观察碟子底部气泡的上升情况，控制温度上升至 103 ± 2 ℃，确保不超过 105 ℃。继续搅拌至碟子底部无气泡放出。

为确保水分完全散尽，重复数次加热至 103 ± 2 ℃、冷却至 90 ℃ 的步骤，将碟子和温度计置于干燥器中，冷却至室温，称量，精确至 0.001 g。重复上述操作，直至连续两次结果均不超过 2 mg。

五、结果计算

水分及挥发物含量（X）以质量分数表示，按下式计算：

$$X = \frac{m_1 - m_2}{m_1 - m_0} \times 100$$

式中：

X——水分及挥发物含量（%）；

m_1——加热前碟子、温度计和测试样品的质量（g）；

m_2——加热后碟子、温度计和测试样品的质量（g）；

m_0——碟子和温度计的质量（g）。

计算结果保留小数点后两位。

实验五　食用植物油过氧化值的测定

一、实验目的

油脂被氧化生成过氧化物的多少常用过氧化值表示。所谓油脂的过氧化值，是指100 g油脂中所含的过氧化物在酸性环境下与碘化钾作用时析出碘的克数。

过氧化值反映了油脂氧化酸败的程度。油脂在败坏的过程中，不饱和脂肪酸被氧化，形成活性很强的过氧化物，进而聚合或分解，产生醛、酮和低分子量的有机酸类。过氧化物是油脂酸败的中间产物。常以过氧化物在油脂中的产生作为油脂开始败坏的标志。

二、实验原理

油脂氧化过程中产生的过氧化物与碘化钾作用，生成游离碘，以硫代硫酸钠溶液滴定，计算含量。化学反应式：

$$I_2+2Na_2S_2O_3=Na_2S_4O_6+2NaI$$

三、实验试剂

1. 0.1 mol/L硫代硫酸钠标准滴定溶液

取26 g硫代硫酸钠、0.2 g碳酸氢钠，去离子水溶解至1 000 mL。临用前稀释成0.002 mol/L。

2. 饱和碘化钾溶液

称取14 g碘化钾，加10 mL水溶解，必要时微热使其溶解，冷却后贮于棕色瓶中。

3. 三氯甲烷－冰乙酸混合液

量取40 mL三氯甲烷，加60 mL冰乙酸混匀。

4. 10 g/L淀粉指示剂

称取可溶性淀粉0.5 g，加少许水，调成糊状，继而倒入50 mL沸水中调匀，煮沸。用时现配。

四、实验步骤

（1）称取 2.00 g 试样。

（2）15 mL 三氯甲烷 – 冰乙酸溶液，使样品完全溶解。

（3）0.50 mL 饱和碘化钾密塞→轻轻振摇 0.5 min，暗处放置 3 min →取出。

（4）50 mL 水摇匀→立即滴定。

（5）0.002 mol/L 硫代硫酸钠标准溶液滴定→淡黄色。

（6）0.5 mL 淀粉指示液。

（7）继续滴定→蓝色消失为终点。

五、结果计算

$$X = \frac{V \times c \times 0.1269}{m}$$

式中：

X——试样的过氧化值（以硫代硫酸钠计）（g/100g）；

V——试样消耗标准滴定溶液体积（mL）；

C——硫代硫酸钠标准滴定溶液的实际浓度（mol/L）；

M——试样质量（g）；

0.126 9 —1.00 mmol 碘的质量（g）。

六、注意事项

（1）碘与硫代硫酸钠的反应必须在中性或弱酸性溶液中进行，因为在碱性溶液中将发生副反应，在强酸性溶液中，硫代硫酸钠会发生分解，且 I⁻ 在强酸性溶液中易被空气中的氧氧化。

（2）碘易挥发，故滴定时溶液的温度不能高，滴定时不要剧烈摇动溶液。

（3）为防止碘被空气氧化，应放在暗处，避免阳光照射，析出 I_2 后，应立即用 $Na_2S_2O_3$ 溶液滴定，滴定速度应适当快些。

（4）淀粉指示剂应是新配制的。最好在接近终点时加入，即在硫代硫酸钠标准溶液滴定碘至浅黄色时再加入淀粉。否则碘和淀粉吸附太牢，到终点时颜色不易褪去，致使终点出现过迟，引起误差。

（5）日光能促进硫代硫酸钠溶液分解，故其应装于棕色滴定管中。

（6）三氯甲烷不得含有光气等氧化物，否则应及时进行处理。

实验六　油脂酸价的测定

一、实验目的

（1）掌握油脂酸价的定义及其在评价食用油质量中的作用。

（2）了解油脂氧化后的危害。

（3）掌握滴定终点的判断方法。

（4）形成以事实为依据进行科学研判的思辨能力。

二、实验原理

酸价的定义：把中和 1 g 油脂中的游离脂肪酸所需的 KOH 毫克数称为酸价。

三、实验用品

1. 材料

酸败动植物油。

2. 试剂

邻苯二甲酸氢钾、酚酞指示剂、氢氧化钾、95% 乙醇、乙醚。

3. 实验仪器

铁架台，水浴锅、50 mL 滴定管，滴管，2 个三角瓶，2 个小烧杯，称量瓶。

四、实验步骤

（1）清洗所用的仪器并烘干（110 ℃约 20 min，量器不得在烘箱中烘烤）。

（2）0.1 mol/L KOH–乙醇标准溶液的配置。每组配 50 mL KOH，取 0.28 g 定容至 50 mL 95% 乙醇中，或取 0.56 g 定容至 100 mL 95% 乙醇溶液。

注意：KOH 不是基准物质，在空气中易吸收水分和 CO_2，直接配置不能获得准确的溶液，而应先配成近似的浓度溶液，然后再用基准物质（邻苯二甲酸氢钾）进行标定。

（3）KOH 的标定。用邻苯二甲酸氢钾进行标定，反应结束后，溶液呈碱性，pH 值为 9。滴定至溶液由无色变为浅粉色，30_s 不褪色为终止。具体步骤：①用称量瓶称 0.3～0.4 g 邻苯二甲酸氢钾，并放入烘箱中烘至恒重（105 ℃～110 ℃，40 min）（称量瓶使用方法：参看后面参考内容；恒重判定：连续两次干燥或炙灼前后质量不差万分之三，如前次称量为 1 g 的试样，后一次烘后再称得的质量与前面相比相差应不到 0.000 3 g）。②恒重后取出，加 50 mL 蒸馏水使其溶解（至澄清透明）。③在②中滴 2 滴酚酞指示剂，用待标定的 KOH 溶液滴定至微红色，30$_S$ 不褪色（注意滴定管读数及其使用方法）；记下 KOH 消耗体积（碱管中为 KOH，三角瓶中为邻苯二甲酸氢钾）（约使用 15 mL 左右的 KOH）。

$$c_{(KOH)} = \frac{m_{(KHC_8H_4O_4)} \times 100}{V_{(KOH)} \times M_{(KHC_8H_4O_4)}}$$

式中：

m——邻苯二甲酸氢钾质量（g）；

$V_{(KOH)}$——消耗 KOH 体积（mL）；

M——邻苯二甲酸氢钾摩尔质量 204 g/mol。

配好的溶液要用棕色瓶存贮，并用橡皮塞塞紧。

（4）酚酞指示剂配制。10 g/L 的 95% 乙醇溶液，取 0.5 g 酚酞用 95% 乙醇定容至 50 mL。

（5）乙醚与 95% 乙醇混合液（用于溶解油脂）的处理（除去其中有可能存在的油脂杂质的影响）。

V（乙醚）：V（95% 乙醇）=1：1，将两者混合，在 100 mL 混合溶剂中加入 0.3 mL 指示剂，并用前面标定过的 KOH-95% 乙醇溶液中和，至指示剂终点（无色变为粉色）。

（管中仍为 KOH-95% 乙醇溶液，此步骤的目的是为了去除乙醚、乙醇中可能含有的油脂，相当于除去杂质的影响。）量很少，逐滴加入（可能就 1 滴）。

（6）油脂的溶解。在（4）中加入 10 g（10 g ± 0.02 g）样品（准确记录样品质量），并使样品充分溶解（搅匀，不能有分层）。

（7）酸价的滴定分析。用 KOH-95% 乙醇溶液滴定（5）至指示剂终点（由无色变为深红色）。此时，溶液可能颜色较深，记下此时消耗的体积。

（8）平行两次测定。

五、结果计算

$$酸价 = V \times C \times 56.1 / m$$

式中：

V——KOH–95% 乙醇标准液体积（mL）；

C——KOH 准确浓度（mol/L）；

m——试样质量（g）；

KOH 摩尔质量为 56.1 g/mol。

六、注意事项

1. 恒重

两次称量重量差异在万分之三以下算恒重。

恒重，除另有规定外，是指供试品连续两次干燥或炽灼后的重量差异在 0.3 mg 以下（样品 1 g）的重量。干燥至恒重的第二次及以后各次称重均应在规定条件下继续干燥 1 h 后进行；炽灼至恒重的第二次称重应在继续炽灼 30 min 后进行。在每次干燥后，应立即取出试品并放入干燥器中，待冷却至室温后称量（若炽灼，应在高温炉内降温至 300 ℃左右时取出放入干燥器中，待冷却至室温后称量）。

2. 称量瓶的使用方法

在分析测定中，需用分析天平准确称量某种固体物质的质量，而所称物质是不能直接放在天平的称盘中的，应使用称量瓶，这样既方便称量、便于保存，又在一定程度上防止了水分的侵入。

（1）称量瓶的用途。称量瓶是一种用以称取固体物质的具盖小玻璃器具。

（2）称量瓶的质量及技术要求。实验室中使用的称量瓶的质量及有关技术指标应符合 GB 11414—2007 规定的要求。

（3）称量瓶的选择。根据所需样品的用量和称样个数，选择合适规格的称量瓶。在称样量较大、称样次数较多时，可选择规格较大的称量瓶；反之，在称样量较少且称样次数不多时，可选择规格较小的称量瓶。一般情况下，我们可以选择 40×25（mm）的高型称量瓶，使用比较方便；称量干燥样品时，一般选用扁型称量瓶。

（4）称量瓶的使用。洗净并烘干称量瓶，将其放置在干燥器中备用。

称量瓶的拿取。用洁净纸条叠成 1 cm 宽的纸带套住称量瓶中部，用手拿住纸带尾部取出称量瓶，或带上清洁的尼龙手套拿取称量瓶。

药品的称量。初步称量：用小纸片夹住瓶盖柄，打开瓶盖，将稍多于需要量的试样用牛角匙加入称量瓶中，盖上瓶盖，于天平中称量。除余量：用纸带将称量瓶从天平上取下，拿到一定容器（如烧杯）上方，用纸片夹住盖柄，打开瓶盖（盖亦不要离开接受器口上方），将瓶身慢慢向下倾斜，用瓶盖轻敲瓶口内边缘，使试样落入容器中。接近需要量时，一边继续用盖轻敲瓶口，一边逐步将瓶身竖直，以使粘在瓶口附近的试样落入瓶中。盖好瓶盖，放入天平盘，取出纸带，称其质量。当量不够时，可继续按上述 A、B 所述方法进行操作，直至称够所需的物品为止。

称量完毕后，将称量瓶放回原干燥器中。

实验七 用比色法测定食品中没食子酸丙酯的含量

没食子酸丙酯（PG）也是一种常用的抗氧化剂，由于其合成工艺简单，原料价格低廉，广泛用于低档产品中。它是由没食子酸和正丙醇酯化而成的白色或微褐色结晶性粉末，本身微苦，熔点 145 ℃～ 148 ℃，有吸湿性，耐热性强，溶于油脂、酒精等有机溶剂中，在动物性油脂中抗氧化能力较强，遇铁离子容易出现呈色反应。

一、实验原理

试样经石油醚溶解，用乙酸铵水溶液提取后，没食子酸丙酯与亚铁酒石酸盐起颜色反应，在波长 540 nm 处测定吸光度，与标准比较定量。

二、试剂配制

1. 乙酸铵溶液（100 g/L）

称取 10 g 乙酸铵加适量水溶解，将其转移至 100 mL 容量瓶中，加水定容至刻度。

2. 乙酸铵溶液（16.7 g/L）

称取 16.7 g 乙酸铵加适量水溶解，将其转移至 1 000 mL 容量瓶中，加水定容至刻度。

3. 显色剂

称取 0.1 g 硫酸亚铁和 0.5 g 酒石酸钾钠，加水溶解，稀释至 100 mL（临用前配制）。

4.PG 标准溶液配制

称取 0.01g PG 溶于水中，将其移入 200 mL 容量瓶中，并用水稀释至刻度。此溶液每毫升含 50.0 μg PG。

三、实验步骤

1. 试样制备

称取 10.00 g 试样，用 100 mL 石油醚溶解后，将其移入 250 mL 分液漏斗中。加入 20 mL 乙酸铵溶液（16.7 g/L），振摇 2 min，静置分层。将水层放入 125 mL 分液漏斗中（如有乳化现象，连同乳化层一起放出）。石油醚层用 20 mL 乙酸铵溶液（16.7. g/L）重复提取两次，合并水层。石油醚层用水振摇洗涤两次，每次 15 mL，将水洗液并入同一 125 mL 分液漏斗中，振摇静置。将水层通过干燥滤纸滤入 100 mL 容量瓶中，用少量水洗涤滤纸，加水至刻度，摇匀。将此溶液用滤纸过滤，弃去初滤液的 20 mL。同时做空白试验。

2. 测定

移取 20.0 mL 上述处理后的试样提取液，置于 25 mL 具塞比色管中，加入 1 mL 显色剂、4 mL 水，摇匀。另外，准确吸取 0.0 mL、1.0 mL、2.0 mL、4.0 mL、6.0 mL、8.0 mL、10.0 mL PG 标准溶液（相当于 0 μg、50 μg、100 μg、200 μg、300 μg、400 μg、500 μg PG），分别置于 25 mL 带塞比色管中，加入 2.5 mL 乙酸铵溶液（100 g/L），加入水至约 23 mL 处，加入 1 mL 显色剂，再准确加水定容至 25 mL，摇匀。用 1 cm 比色杯，以零管调节零点，在波长 540 nm 处测定吸光度，绘制标准曲线比较。

四、结果计算

试样中抗氧化剂的含量按下式计算：

$$X = \frac{A}{m \times (V_2 / V_1)}$$

式中：

X——试样中 PG 含量（mg/kg）；

A——样液中 PG 的质量（μg）；

M——称取的试样质量（g）；

V_2——测定用吸取样液的体积（mL）；

V_1——提取后样液总体积（mL）。

计算结果保留三位有效数字（或保留到小数点后两位）。

注：

（1）精密度：在重复性条件下获得的两次独立测定结果的绝对差值，不得超过算术平均值的10%。

（2）本方法的定量限为25 mg/kg。

实验八 用乙酰丙酮比色法测定过氧化苯甲酰

一、实验原理

在磷酸酸性条件下对样品进行蒸馏，收集馏出液，馏出液中的甲醛与乙酰丙酮及铵离子反应生成黄色物质，与标准系列比较定量。

二、实验仪器和试剂

1. 仪器

紫外 – 可见分光光度计。

2. 试剂

20%（v/v）磷酸溶液。

乙酰丙酮溶液：在100 mL蒸馏水中加入醋酸铵25 g、冰醋酸3 mL和乙酰丙酮0.4 mL，振摇促溶，储备于棕色瓶中。此液可保存1个月。

甲醛标准储备液：取甲醛1 g放入盛有5 mL水的100 mL容量瓶中精密称量后，加水至刻度。从该溶液中吸取10.0 mL放入碘量瓶中，加0.1 mol/L碘溶液50 mL、1 mol/L KOH溶液20 mL，在室温放置15 min后，加10% H_2SO_4 15 mL，用0.1 mol/L $Na_2S_2O_3$ 滴定（以1 mL新配制的淀粉溶液为指示剂）。另取水10 mL同样操作进行空白实验。

甲醛标准使用液：将标定后的甲醛标准储备液用水稀释至5 μg/mL。

三、实验操作步骤

1. 标准曲线的制备

吸取甲醛标液0.00 mL、0.50 mL、1.00 mL、3.00 mL、5.00 mL、7.00 mL，补充蒸馏水至10 mL，加入乙酰丙酮溶液10 mL混匀，置沸水浴中3 min，取出冷却，用

1 cm 比色杯，以零管调节零点，在波长 435 nm 处测定吸光度，绘制标准曲线。

2. 样品处理

取 50 g 试样，加 50 mL 水后用捣碎机打成匀浆，称取相当于原样重量 5 ～ 10 g 的匀浆样于 500 mL 玻璃蒸馏瓶中，加 20%（v/v）磷酸 2 mL，玻璃珠，加水至 200 mL，于电热器上用温火进行蒸馏。若泡沫较多，可加 1 ～ 2 滴硅酮油消泡（也可加 3 ～ 5 g 固体 NaCl），收采 150 mL 馏出液，同时做试剂空白。

3. 样品测定

吸取样品蒸馏液 10 mL，加入乙酰丙酮溶液 10 mL 混匀，置沸水浴中 3 min，取出冷却，然后以空白样品管调节零点，于波长 435 nm 处，以 1 cm 比色皿进行比色，记录吸光度，查标准曲线计算结果。

四、结果计算

$$X=（m_1-m_2）\times 1\,000/（m_3/m_4\times V_2/V_1\times 1\,000）$$

式中：

X——样品中甲醛的含量（mg/kg）；

m_1——测定用样液中甲醛的质量（μg）；

$m2$——测定用空白液中甲醛的质量（μg）；

m_3——匀浆后相当的样品质量（g）；

m_4——样品质量（g）；

V_1——测定用样液体积（mL）；

V_2——蒸馏液总体积（mL）。

实验九　面粉制品中铝含量的测定

一、实验目的

通过对我国居民膳食状况的调查研究发现，人体内铝摄入的主要来源是面制食品，而控制并检测食品中铝的含量对保障人体健康有积极意义。

二、实验仪器和试剂

1. 仪器

微波消解仪，紫外－可见分光光度计，1 cm 石英吸收池一套，50 mL 容量瓶两个，刻度吸管 5 mL、10 mL 各一支，滴管一支。

2. 试剂

铬天青 S 溶液（1 g/L）、乳化剂 OP 溶液（3+100）、溴代十六烷基吡啶（3 g/L）、乙二胺－盐酸缓冲液（pH 值 6.7～7.0）、氨水（1+1）、硝酸（0.5 mol/L）、铝标准液（1 mg/mL）、对硝基酚乙醇液（1.0 g/L）、硝酸（优级纯）。

三、实验步骤

1. 样品处理

（1）干法消化：按考核要求将样品于 105 ℃下干燥 2 h，称取 1.0 g 样品，在可调式电炉上小火炭化至无黑烟，于马弗炉 550 ℃灰化 6 h，灰化完全，冷却后用 1% 硫酸定容至 50 ml 容量瓶中。同时，做消化空白实验。

（2）微波消解：按考核要求将样品于 105 ℃下干燥 2 h，称取 0.5 g，置于聚四氟乙烯微波消解罐中，加入硝酸 5.0 mL 混匀，在 100 ℃水浴上加热预处理 20 min，直至少量浅棕色气体冒出为宜，将消解罐放入微波消解仪中，选择合适的温度压力进行消解，消解完毕，冷却后于 100 ℃水浴加热 1 h 脱酸，直至消化液呈无色或淡黄色为止。冷却后用 1% 硫酸定容至 25 mL 容量瓶中。同时，做消化空白实验。

2. 标准曲线制作与样品测定

取铝标准液（1 mg/mL）2.0 mL 于 200 mL 容量瓶中，用去离子水稀释至刻度，混匀；再取稀释后该溶液 10.0 mL 于 100 mL 容量瓶中，用去离子水稀释至刻度，混匀。此铝标准使用液每 1 mL 含 1.0 μg 的铝。

分别吸取铝标准使用液 0 mL、0.5 mL、1.0 mL、2.0 mL、3.0 mL、4.0 mL、5.0 mL（相当于含铝 0 μg、0.5 μg、1.0 μg、2.0 μg、3.0 μg、4.0 μg、5.0 μg），置于 25 mL 比色管中；另取 1.0 mL 两种消化液和同量的空白消化液置于 25 mL 比色管中，加入 1% 硫酸 1 mL，加水至 10 mL，向各管中滴加 1 滴对硝基酚乙醇，混匀后滴加氨水至溶液变为浅黄色，加 0.5 mol/L 硝酸至黄色消失，再多加 2 滴。加 3.0 mL 铬天青 S 液，混匀后加 1.0 mL 乳化剂 OP 溶液，加 2.0 mL CPB 溶液、3.0 mL 乙二胺－盐酸缓冲液，加水至 25 mL，混匀，放 30 min 后用 1 cm 比色杯以标准曲线的零管做参比调零，于 620 nm 波长处测定其吸光度，绘制标准曲线，比较定量。

四、结果计算

$$X=（A_样 - A_空）\times 1\,000/（m_样 \times V_2/V_1 \times 1\,000）$$

式中：

X——试样中铝的含量（mg/kg）；

$A_样$——试样中铝的质量（μg）；

$A_空$——试剂空白中铝的质量（μg）；

V_1——试样消化液总体积（mL）；

V_2——测定用试样消化液体积（mL）；

$m_样$——试样质量（g）。

实验十　馒头中甲醛合次硫酸氢钠的测定

一、实验目的

使学生了解甲醛合次硫酸氢钠（吊白块）作为工业用还原剂和漂白剂对人体的危害，掌握馒头等食品中甲醛合次硫酸氢钠的定量测定方法。

二、实验原理

根据吊白块在酸性条件下可分解出甲醛及甲醛沸点很低的特点，对检样进行水蒸气蒸馏，用水吸收，甲醛馏出后再与乙酰丙酮作用，生成黄色的二乙酰基二氢啶，然后根据颜色的深浅比色定量。

三、实验仪器和试剂

1. 实验仪器

721 型分光光度计、粉碎机、电子天平、蒸馏装置、三角瓶。

2. 试剂

（1）10%（V/V）磷酸溶液。

（2）液体石蜡。

（3）乙酰丙酮溶液：于 100 mL 蒸馏水中加入醋酸铵（AR）25 g、冰醋酸 3 mL和乙酰丙酮（AR）0.40 mL，振摇使其溶解，贮于棕色瓶中。此溶液可稳定 1 个月。

（4）甲醛标准储备液：吸取分析纯甲醛（36%～38%）0.3 mL，用蒸馏水定容至100 mL，然后依下述方法标定。吸取上述储备液 10.00 mL，放入 250 mL 碘量瓶中，加入 0.10 mol/L 碘溶液 25.00 mL 和 1 mol/L 的 NaOH 溶液 7.5 mL，在室温放置 15 min后，再加入 0.5 mol/L 硫酸 10 mL，放置 15 min。用 0.025 mol/L 的 $Na_2S_2O_3$ 溶液滴定至淡黄色，加入淀粉溶液 1 mL，继续滴定至蓝色消失，记录溶液用量。同时，做空白实验。

$$甲醛含量（mg/L）=（V_1-V_2）\times C \times 15 \times 1\,000/10$$

式中：

V_1——空白滴定消耗 0.025 mol/L 硫代硫酸钠溶液体积（mL）；

V_2——滴定甲醛消耗 0.025 mol/L 硫代硫酸钠溶液体积（mL）；

C——硫代硫酸钠溶液当量；

15——1 mol/L 碘相当甲醛重（mg）。

（5）甲醛标准使用液：临用时以蒸馏水将甲醛标准贮备液稀释成 5 μg/mL。

四、实验步骤

1. 样品处理

称取经粉碎的试样馒头 5.00 g，置于蒸馏瓶中，加入蒸馏水 20 mL、液体石蜡2.5 mL 和 10% 磷酸溶液 10 mL，立即通水蒸气蒸馏。冷凝管下端应事先插入盛有10 mL 蒸馏水且置于冰浴的容器中的液面下，精确收集蒸馏液至 150 mL。同时，做空白蒸馏。

2. 显色操作

视检品中吊白块含量高低，吸取检品蒸馏液 2～10 mL，补充蒸馏水至 10 mL，加入乙酰丙酮溶液 1 mL 混匀，置沸水浴中加热 3 min，取出冷却；然后以蒸馏水调零，于波长 435 nm 处，以 1 cm 比色杯进行比色，记录吸光度。查标准曲线计算结果。

3. 绘制标准曲线

分别吸取 5 μg/mL 甲醛标准液 0.00 mL、0.50 mL、1.00 mL、3.00 mL、5.00 mL和 7.00 mL，补充蒸馏水至 10 mL，然后按上述 2 中对应步骤操作。减去 0 管吸光度后，绘制标准曲线。

五、结果计算

$$吊白块含量X(\text{mg/kg}) = \frac{V_1 m_1 \times 5.133}{m_2 \times V_2 / V_3}$$

式中：

V_1——样品管相当标准管体积（mL）；

m_1——1mL 甲醛标准溶液中甲醛的质量（μg）；

m_2——样品的质量（g）；

V_2——显色操作取蒸馏液体积（mL）；

V_3——蒸馏液的总体积（mL）；

5.133——甲醛与吊白块的换算系数。

六、注意事项

本方法在实际应用时，只需做定性检验。收集馏出液 30～50 mL，呈色反应呈黄色者为阳性。

样品蒸馏液可用于 SO_2 含量的测定，用以作为在甲醛存在下确定是否有吊白块的依据。

注：

（1）没有乙酰丙酮试剂，可按推荐方法处理样品后，按 GB/T 5009.69—2008 中游离甲醛的测定方法 —— 变色酸法测定。标准系列各管浓度可参照推荐方法。甲醛标准溶液的配制与标定也可按 GB/T 5009.69—2008 操作。

（2）蒸馏瓶宜选用 500 mL 长颈烧瓶，以保证馏液清澈；液体石腊起除泡沫作用，有部分馏去，吸取馏液时，把吸管插入近液体底部即可。

（3）要采用水蒸气蒸馏（不宜直火蒸馏），以免试样中糖分分解产生甲醛。

（4）沸水浴加热显色时间可延长至 10 min。

（5）采样后，要当天测定。

（6）结果报告：如遇有微弱显色的样品，可计算测定用样品液中甲醛含量，如数值小于标准系列最低（2.5 μg），即可报未检出。

（7）对低含量（2.5～5 μg）难下结论时，可同时加检二氧化硫。

实验十一　肉制品中淀粉含量的测定——碘量法

一、实验目的

了解肉制品中淀粉含量的测定方法，并掌握碘量法的操作。

二、实验原理

在试样中加入氢氧化钾－乙醇溶液，将其在沸水浴上加热后，滤去上清液，用热乙醇洗涤沉淀，除去脂肪和可溶性糖。沉淀经盐酸水解后，淀粉水解生成葡萄糖，即可用碘量法测定形成的葡萄糖，计算淀粉含量。

三、实验仪器和试剂

1. 仪器

实验室常用设备、粉碎机。

2. 试剂

注：所用试剂均为分析纯，水为蒸馏水或相当纯度的水。

（1）氢氧化钾－乙醇溶液：将氢氧化钾 50 g 溶于 95% 乙醇溶液中，稀释至 1 000 mL。

（2）80% 乙醇溶液。

（3）1.0 mol/L 盐酸溶液。

（4）10 g/L 溴百里酚蓝乙醇溶液。

（5）300 g/L 氢氧化钠溶液。

（6）蛋白沉淀剂。

溶液Ⅰ：将铁氰化钾 106 g 用水溶解，并定容到 1 000 mL。

溶液Ⅱ：将乙酸锌 220 g 用水溶解，加入冰乙酸 30 mL，用水定容到 1 000 mL。

（7）碱性铜试剂：①将硫酸铜（$CuSO_4 \cdot 5H_2O$）25 g 溶于 100 mL 水中。②将碳酸钠 144 g 溶于 300 ~ 400 mL 50 ℃的水中。③将柠檬酸（$C_6H_8O_7 \cdot H_2O$）50 g 溶于 50 mL 水中。

将溶液③缓慢加入溶液②中，边加边搅拌，直到气泡停止产生。将溶液①加入此混合液中并连续搅拌，冷却至室温后，将其转移到 1 000 mL 容量瓶中，定容至刻度。放置 24 h 后使用，若出现沉淀，要过滤。

取 1 份此溶液加入 49 份新煮沸的冷蒸馏水，pH 为"10.0±0.1"。

（8）淀粉指示剂：将可溶性淀粉 1 g、碘化汞（保护剂）1 g 和 30 mL 水混合加热溶解，再加入沸水至 100 mL，连续煮沸 3 min，冷却后放入冰箱备用。

（9）0.1 mol/L 硫代硫酸钠标准溶液。

配制：将硫代硫酸钠（$Na_2S_2O_3 \cdot 5H_2O$）25 g 溶于 1 000 mL 煮沸并冷却到室温的蒸馏水中，再加入碳酸钠（$Na_2CO_3 \cdot 10H_2O$）0.2 g。该溶液应静置一天后标定。

标定：按 GB601—77 标定。

（10）10% 碘化钾溶液。

（11）25% 盐酸：取 100 mL 浓盐酸稀释至 160 mL。

四、实验步骤

1. 淀粉的分离

称取试样 25 g（精确到 0.01 g）于 500 mL 烧杯中（如果估计试样中淀粉含量超过 1 g，应适当减少试样量），加入热氢氧化钾－乙醇溶液 300 mL，用玻璃棒搅匀后盖上表面皿，在沸水浴上加热 1 h，不时搅拌；然后将其完全转移到漏斗中过滤，用 80% 乙醇溶液洗涤沉淀数次。

2. 水解

将滤纸钻个孔，用 1.0 mol/L 热盐酸溶液 100 mL 将沉淀完全洗入 250 mL 烧杯中，盖上表面皿，在沸水浴中水解 2.5 h，不时搅拌。

溶液冷却到室温后，用氢氧化钠溶液中和，pH 值不超过 6.5。将溶液移入 200 mL 容量瓶中，加入蛋白沉淀剂溶液Ⅰ 3 mL，混合后再加入蛋白沉淀剂溶液Ⅱ 3 mL，定容到刻度，混匀，再经不含淀粉的扇形滤纸过滤。向滤液中加入 300 g/L 氢氧化钠溶液 1～2 滴，使之对溴百里酚蓝呈碱性。

3. 测定

取一定量滤液（V_2）稀释到一定体积（V_3），然后取 25.0 mL（含葡萄糖 40～50 mg）移入碘量瓶中，加入 25.0 mL 碱性铜试剂，将其置入冷凝管，并在电炉上加热，且使其在 2 min 内煮沸；随后改用温火继续煮沸 10 min，迅速冷却到室温，取下冷却管，加入碘化钾溶液 30 mL，再小心加入 25% 盐酸溶液 25.0 mL，盖好盖待滴定。

用硫代硫酸钠标准溶液滴定上述溶液中释放出来的碘。当滴定至溶液变成浅黄色时，加入淀粉指示剂 1 mL；继续滴定至蓝色消失，记下所消耗硫代硫酸钠溶液的体积。

同一试样进行两次测定，并做空白试验。

五、结果计算

1. 葡萄糖量（m_1）计算

按下式计算消耗硫代硫酸钠的物质的量（X_1，mol）：

$$X_1 = 10 \times C \times (V_0 - V_1)$$

式中：

X_1——消耗硫代硫酸钠的物质的量（mol）；

C——硫代硫酸钠溶液的浓度（mol/L）；

V_0——空白试验消耗硫代硫酸钠溶液的体积（mL）；

V_1——试样消耗硫代硫酸钠的体积（mL）。

根据 X_1 从表中查出相应的葡萄糖量（m_1/mg）。

表 1　硫代硫酸钠的物质的量（X_1）与葡萄糖量（m_1）的换算关系

X_1/mol	相应的葡萄糖量		X_1/mol	相应的葡萄糖量	
	m_1/mg	Δm_1/mg		m_1/mg	Δm_1/mg
1	2.4		13	33.0	2.7
2	4.8	2.4	14	35.7	2.7
3	7.2	2.4	15	38.5	2.8
4	9.7	2.5	16	41.3	2.8
5	12.2	2.5	17	44.2	2.9
6	14.7	2.5	18	47.1	2.9
7	17.2	2.5	19	50.0	2.9
8	19.8	2.6	20	53.0	3.0

X_1/mol	相应的葡萄糖量		X_1/mol	相应的葡萄糖量	
	m_1/mg	Δm_1/mg		m_1/mg	Δm_1/mg
9	22.4	2.6	21	56.0	3.0
10	25.0	2.6	22	59.1	3.1
11	27.6	2.6	23	62.2	3.1
12	30.3	2.7			

2. 淀粉含量的计算

$$X = \frac{m_3 \times 0.9}{1000} \times \frac{V_5}{25} \times \frac{200}{V_4} \times \frac{100}{m} = 0.72 \times \frac{V_5}{V_4} \times \frac{m_3}{m}$$

式中：

X——淀粉含量（g/100 g）；

m_3——葡萄糖含量（mg）；

0.9——葡萄糖折算成淀粉的换算系数；

V_5——稀释后的体积（mL）；

V_4——取原液的体积（mL）；

m——试样的质量（g）。

当平行测定符合精密度所规定的要求时，取平行测定的算术平均值作为结果，精确到 0.1%。

六、注意事项

（1）肉制品富含脂肪和蛋白质，加入 KOH- 乙醇溶液，是利用碱与淀粉作用生成醇不溶性的络合物，以分离淀粉与非淀粉物质的。

（2）滴定时，应在滴定接近终点时加入淀粉指示剂。若淀粉指示剂加入太早，则大量的碘与淀粉结合生成蓝色物质，这部分碘就不容易与硫代硫酸钠反应，从而使结果产生误差。

实验十二 用紫外－可见分光光度法测定食品中糖精钠的含量

一、实验目的

（1）了解和熟悉紫外－可见分光光度计的原理和结构。

（2）掌握用紫外－可见分光光度法测定糖精钠的吸收光谱的方法。

（3）掌握用标准曲线法测定样品中糖精钠的含量的方法。

二、实验原理

在酸性条件下，用乙醚提取其中的糖精钠，经薄层分离后，将其溶于碳酸氢钠溶液中，于波长 270 nm 处测定吸光度，与标准液比较定量。

三、实验仪器和试剂

1. 仪器

紫外－可见分光光度计、薄层板 10 cm×20 cm、展开槽、微量注射器。

2. 试剂

（1）2% 碳酸氢钠溶液。

（2）4% 氢氧化钠溶液。

（3）6 mol/L HCL 溶液。

（4）乙醚（不含过氧化物）。

（5）10% 硫酸铜。

（6）无水硫酸钠。

（7）0.02 mol/L 氢氧化钠。

（8）硅胶 GF254。

（9）聚酰胺，200 目。

（10）糖精钠标准溶液。

（11）展开剂：苯－乙酸乙酯－乙酸（12∶7∶3），硅胶薄层用。

（12）展开剂：正丁醇－浓氨水－无水乙醇（7∶1∶2），聚酰胺薄层用。

（13）显色剂：0.04% 溴甲酚紫的 50% 乙醇溶液，用 0.1 mol/L 氢氧化钠溶液将其调至 pH 值为 8。

四、实验步骤

1. 样品提取

（1）饮料、冰棍、汽水类：取 10 mL 均样置 100 mL 分液漏斗中，加 2 mL 6 mol/L 盐酸，用 30 mL、20 mL、20 mL 乙醚提取三次。合并乙醚提取液，用 5 mL 盐酸酸化的水洗涤一次，以洗去水溶性杂质，弃去水层。乙醚层通过无水硫酸钠脱水后，挥发干乙醚。加 20 mL 乙醇溶解残渣，密封保存，备用。

（2）酱油、果汁、果酱、乳等：称取 20.0 g 或吸取 20.0 mL 均样置 100 mL 容量瓶中，加水至约 60 mL，加 20 mL 10% 硫酸铜溶液，混匀，再滴加 4.4 mL 4% 氢氧化钠溶液，加水至刻度，混匀。静置 30 min 后过滤，取滤液 50 mL 置 150 mL 分液漏斗中，以下同（1）中后序操作。

（3）固体果汁粉等：先称取 20.0 g 磨碎的均样，置 200 mL 容量瓶中，加 100 mL 水，加温使其溶解，冷却后再按上述方法进行提取。

（4）糕点、饼干等蛋白质、脂肪含量高的样品：均应采用透析法处理，使分子量较小的糖精钠渗入溶液中，以消除蛋白质、淀粉、脂肪等的干扰。

称取捣碎、混匀的样品 25.0 g，置于透析玻璃纸内后，将其放入大小合适的烧杯中。加 50 mL 0.02 mol/L 氢氧化钠溶液于透析膜内，充分混合，使样品成糊状，将玻璃纸口扎紧，放入盛有 200 mL 0.02 mol/L 氢氧化钠的烧杯中，盖上表面皿，透析过夜。

量取 125 mL 透析液（相当于 12.5 g 样品），加约 0.4 mL 6 mol/L 盐酸，使其成中性，加 20 mL 10% 硫酸铜混匀，加 4.4 mL 4% 氢氧化钠，混匀，静置 30 min，过滤。取 120 mL 滤液置 250 mL 分液漏斗中，以下同（1）中后序操作。

2. 薄层板制备

薄层板有硅胶 GF254 薄层板、聚酰胺薄层板两种，使用时可任选一种。

（1）硅胶 GF254 薄层板：称取 1.4 g 硅胶 GF254，加 4.5 mL 0.5% CMC-Na 溶液于小研钵中研匀，倒在玻璃板上，涂成 0.25 ～ 0.30 mm 厚的薄层板，待其稍干后，在 110 ℃下活化 1 h，取出后置于干燥器内备用。

（2）聚酰胺薄层板：称取 1.6 g 聚酰胺，加 0.4 g 可溶性淀粉，加约 15 mL 水，研磨 3 ～ 5 min，使其均匀，即涂成 0.25 ～ 0.30 mm 厚的 10 cm × 20 cm 薄层板，室温下干燥，在 80 ℃烘箱中干燥 1 h，置干燥器内备用。

3. 点样

在薄层板下端 2 cm 处中间，用微量注射器点样，将 200 ～ 400 μL 样液点成一横条状，条的右端 1.5 cm 处，点 10 μL 糖精钠标准溶液 B，使其成一个小圆点。

4. 展开

将点好的薄层板放入盛有展开剂的展开槽中，使展开剂液层约 0.5 cm 高，并使其预先达到饱和状态。薄层板展开 10 cm（约需 30min）后取出，挥发干。可将硅胶 GF254 板直接置于波长 254 nm 紫外线灯下，观察糖精钠的荧光条状斑情况。把斑点连同硅胶 GF254 或聚酰胺刮入小烧杯中，同时刮一块与样品条状大小相同的空白薄层板，置于另一烧杯中做对照，各加 5.0 mL 2% 碳酸氢钠，于 50 ℃水浴中加热助溶，后移入 10 mL 离心管中，离心分离（3000 r/min）20 min，取上清液备用。

5. 标准曲线绘制

吸取 0.0 mL、2.0 mL、4.0 mL、6.0 mL、8.0 mL、10.0 mL 糖精钠标准液 A，分别置于 100 mL 容量瓶中，各以 2% 碳酸氢钠溶液定容，于 270 nm 波长处测定吸光度，绘制标准曲线。

6. 样品测定

将经薄层分离的样品离心液及试剂空白液于 270 nm 处测定吸光度，从标准曲线上查出相应浓度。

五、结果计算

糖精钠（g/Kg 或 g/L）=[（C_1–C_0）× V_1 × V_3]/（W × V_2）

式中：

C_1——测定用样液中糖精钠含量（mg/mL）；

C_0——空白液中糖精钠含量（mg/mL）；

V_1——溶解样品残留物加入乙醇的体积（mL）；

V_2——点样用样品乙醇溶液的体积（mL）；

V_3——溶解刮下的糖精钠时所用 2% 碳酸氢钠溶液体积（mL）；

W：样品残留物相当的原样品重量（g 或 mL）。

六、注意事项

（1）在提取样品时，可加入 $CuSO_4$、NaOH 用于沉淀蛋白质，防止用乙醚萃取发生乳化，其用量可根据样品情况按比例增减。

（2）样品处理液酸化的目的是为了使糖精钠转化成糖精，以便用乙醚提取，因为糖精易溶于乙醚，而糖精钠难溶于乙醚。

（3）为防止用乙醚萃取糖精时富含脂肪的样品发生乳化，可先在碱性条件下用乙醚萃取脂肪，继而酸化，再用乙醚提取糖精。

（4）对含 CO_2 的饮料，应先除去饮料中的 CO_2，否则将影响样液的体积。

（5）聚酰胺薄层板的烘干温度不能高于 80 ℃，否则聚酰胺会变色。

（6）应预估薄层板上的点样量，其中糖精含量应控制在 0.1 ～ 0.5 mg。

实验十三　食品中亚硝酸盐的测定

一、实验目的

掌握盐酸萘乙二胺比色法测定食品中亚硝酸盐的原理、操作步骤、注意事项。

二、实验原理

在弱酸条件下，样品中的亚硝酸盐与对氨基苯磺酸发生重氮化反应，之后又与盐酸萘乙二胺偶合形成紫红色的染料，将其置于最大吸收波长 538 nm 下测得吸光度值 A，便可与标准系列比较定量。

三、实验仪器和试剂

1. 仪器

分析天平、紫外 – 可见分光光度计。

2. 试剂

（1）亚铁氰化钾溶液：称取 106.0 g 亚铁氰化钾（[K_4Fe_6（CN）· $3H_2O$]），用水溶解后，稀释至 1 000 mL。

（2）乙酸锌溶液：称取 22.0 g 乙酸锌（[Zn（CH_3COO）$_2$ · $2H_2O$]），加 3 mL 冰乙酸溶于水，并稀释至 100 mL。

（3）饱和硼砂溶液：称取 5.0 g 硼酸钠（Na_2BO_7 · $10H_2O$），溶于 100 mL 热水中，冷却后备用。

（4）对氨基苯磺酸溶液（4 g/L）：称取 0.4 g 对氨基苯磺酸，溶于 100 mL 20% 的盐酸中，置棕色瓶中混匀，避光保存。

（5）盐酸萘乙二胺溶液（2 g/L）：称取 0.2 g 盐酸萘乙二胺，溶于 100 mL 水中，避光保存。

（6）亚硝酸钠标准溶液（0.2 g/L）：精密称取 0.100 0 g 于硅胶干燥器中干燥 24 h 的亚硝酸钠，加水溶解移入 500 mL 容量瓶中，并稀释至刻度。

（7）亚硝酸钠标准使用液（20 μg/mL）：临用前，吸取 10 mL 0.2 g/L 亚硝酸钠标准溶液，置于 100 mL 容量瓶中，加水稀释至刻度。

四、实验步骤

1. 样品前处理

（1）取样：准确称取 5.0 g 经搅碎、混匀的样品，置于 50 mL 烧杯中。

（2）沉淀蛋白质：加 12.5 mL 硼砂饱和溶液，搅拌均匀，以 70 ℃ 左右的水约 300 mL 将样品洗入 500 mL 容量瓶中，置沸水浴中加热 15 min，取出后冷却至室温；一面转动一面加入 5 mL 亚铁氰化钾溶液，摇匀，再加入 5 mL 乙酸锌溶液，以沉淀蛋白质。

（3）过滤：加水定容，放置 0.5 h，除去上层脂肪，清液用滤纸过滤，弃去初滤液 30 mL，滤液备用。

2. 标准曲线的绘制和样品的测定

（1）移取样品溶液 20 mL 于 25 mL 具塞比色管中。加 1 mL 对氨基苯磺酸溶液，混匀，静置 3～5 min。加 0.5 mL 盐酸萘乙二胺溶液，进而加水定容至 25 mL，混匀，静置 15 min。以空白零点，于波长 538 nm 处测吸光度 A。

（2）标准曲线的绘制：分别吸取 0.0 mL、0.1 mL、0.3 mL、0.5 mL、0.75 mL 亚硝酸钠标准应用液分别置于 25 mL 具塞比色管中。以下同样品分析步骤同，并进行显色并绘制标准曲线。

五、结果计算

样品中亚硝酸盐按下式计算：

$$X = \frac{A}{m \times (\frac{V_2}{V_1})}$$

式中：

X——试样中亚硝酸盐的含量（mg/kg）；

V_1——试样处理液总体积（mL）；

V_2——测定用样液体积（mL）；

m——试样质量（g）；

A——试样测定液中亚硝酸盐的质量（μg）。

六、注意事项

（1）盐酸萘乙二胺有致癌作用。

（2）试剂显色后的稳定性与室温有关，一般在显色温度为 15 ～ 30 ℃时，在 20 ～ 30 min 内比色为好。

（3）硼砂饱和液的作用：吸收亚硝酸盐的 NO_2，使亚硝酸盐的总量不会因加热而减少；蛋白质沉淀剂。

（4）亚铁氰化钾溶液和乙酸锌（可用硫酸锌代替）的作用：蛋白质沉淀剂（主要是由于亚铁氰化钾溶液和乙酸锌反应，生成亚铁氰化锌沉淀，从而与蛋白共沉淀）。

（5）清液用滤纸过滤后，要弃去初滤液 30 mL（主要是由于滤纸中含有少量铵盐，弃去初滤液是为了除去滤纸中铵盐的干扰）。

实验十四　用盐酸副玫瑰苯胺比色法测 SO_2

一、实验目的

（1）掌握盐酸副玫瑰苯胺比色法测定 SO_2 的方法与原理。

（2）熟悉紫外 – 可见分光光度计的工作原理和使用方法。

二、实验原理

二氧化硫被四氯汞钠吸收液吸收后，生成稳定的络合物，再与甲醛和盐酸副玫瑰苯胺作用，经分子重排后，生成紫红色的络合物。液体颜色的深浅与二氧化硫的浓度成正比，可以比色测定。

三、实验仪器和试剂

1. 仪器

紫外 – 可见分光光度计。

2. 试剂

（1）四氯汞钠吸收液：称取氯化汞（$HgCl_2$）27.2 g、氯化钠 11.7 g，溶于水中并稀释至 1 000 mL，放置过夜，过滤后使用。

（2）显色计：溶解盐酸副玫瑰苯胺 100 mg 于 200 mL 水中，加 40 mL 浓盐酸，定容至 500 mL，置于棕色瓶中。

（3）2% 甲醛溶液：溶解 37% ～ 40% 甲醛 5 mL 于水中，并稀释至 100 mL。

（4）1% 淀粉指示剂。

（5）冰醋酸。

（6）蛋白质沉淀剂：

饱和硼砂溶液：溶解约 25 g 硼砂于 500 mL 水中。

硫酸锌溶液：溶解 150 g 硫酸锌于 500 mL 水中。

（7）0.1 N 碘溶液。

（8）0.1 N 硫氏硫酸钠标准溶液。

（9）二氧化硫标准溶液：称取 0.5 g 亚硫酸氢钠溶于 200 mL 四氯汞钠吸收液中，放置过夜。上述清液用定量滤纸过滤备用，按如下方法进行标定。取 10 mL 亚硫酸氢钠四氯汞钠溶液于 250 mL 碘价瓶中，加水 100 mL，加入 0.1 N 碘溶液 20 mL，冰醋酸 5 mL，摇匀，用 0.1 N 硫代硫酸钠溶液滴定到淡黄色，加入 1% 淀粉指示剂 5 ～ 6 滴，继续滴定至无色。空白试验于 250 mL 碘价瓶中加入 300 mL 水，按上述步骤同样操作。

$$SO_2（mg/mL）=（V_1 - V_2）/10 \times N \times 32.03$$

式中：

V_1——空白消耗硫代硫酸钠标准溶液的量（mL）；

V_2——标准消耗硫代硫酸钠标准溶液的量（mL）；

N——硫代硫酸钠标准溶液的当量浓度；

32.03——0.1 N 硫代硫酸钠溶液 1 mL 相当于二氧化硫的量（mg）。

根据计算结果，用吸收液稀释成 1 mL 相当于 2 μg 的二氧化硫。此应用液于 4 ℃冰箱中保存，可供一周内使用。

四、实验步骤

1. 样品处理

称取经捣碎的蘑菇样品 20 g，加入饱和硼砂溶液 5 mL、硫酸锌 2 mL，搅拌均匀，移入 100 mL 容量瓶中，加水至刻度。过滤，滤液供测定用（滤液须澄清，否则要重复过滤数次）。

2. 标准曲线的绘制

吸取 1 mL 相当于 2 μg 的二氧化硫标准溶液 0.0 mL、1.0 mL、2.0 mL、3.0 mL、4.0 mL、5.0 mL 于 25 mL 比色管中，各加入 2% 甲醛溶液 1 mL、显色剂 1 mL，另分别依次加入 10 mL、9 mL、8 mL、7 mL、6 mL、5 mL 吸收液，混匀，静置 15 min，于紫外 – 可见分光光度计 580 nm 波长下测定。

3. 样品分析

吸取滤液 5 mL，加入吸收剂 5 mL、2% 甲醛溶液 1 mL、显色剂 1 mL，混匀，静置 15 min，于紫外 – 可见分光光度计 580 nm 波长下测定光密度。根据测得的光密度，从标准曲线查得相应的二氧化硫的含量。

五、结果计算

$$SO_2（mg／kg）= C/W \times 1000$$

C——相当于标准的量（mg）；

W——测定时所取样品溶液相当于样品的量（g）。

六、注意事项

（1）最适反应温度为 20 ~ 25 ℃，温度低灵敏度低，故标准管与样品管需要在相同温度下显色。

（2）在温度为 15 ~ 16 ℃时，放置时间需延长为 25 min，颜色稳定 20 min。

（3）盐酸副玫瑰苯胺中的盐酸用量对显色有影响，加入盐酸量多，显色浅；加入量少，显色深，所以要按操作进行。

（4）甲醛浓度在 0.15% ~ 0.25% 时，颜色稳定，故选择 0.2% 甲醛溶液。

（5）颜色较深的样品，可用 10% 活性炭脱色。

（6）在测定粉丝、粉条中的二氧化硫时，样品要浸泡 30 min。

（7）样品加入四氯汞钠吸收液于 100 mL 容量瓶中，加水至刻度，摇匀。此溶液中的二氧化硫含量在 24 h 之内很稳定。

实验十五　二氧化硫的测定

一、实验原理

样品中的二氧化硫包括游离的和结合的，加入氢氧化钾可破坏其结合状态，并使之固定。加入硫酸又可使二氧化硫游离，可用标准碘液滴定之，反应式如下：

$SO_2+2KOH=K_2SO_3+H_2O$

$K_2SO_3+H_2SO_4=K_2SO_4+H_2O+SO_2$

$SO_2+2H_2O+I_2=H_2SO_4+2HI$

实验到达终点时，稍过量的碘即与淀粉指示剂作用，生成蓝色的碘–淀粉复合物。从碘标准溶液的消耗量可计算出二氧化硫的含量。

二、实验仪器和试剂

1.仪器

250 mg 容量瓶、250 mL 碘价瓶或具塞锥形瓶。

2.试剂

（1）1N 氢氧化钾溶液：溶解 57 g 氢氧化钾于蒸馏水中，加蒸馏水稀释至 1 000 mL。

（2）1 : 3 硫酸溶液。

（3）0.01 N 碘标准溶液。

（4）0.1% 淀粉溶液。

三、实验步骤

在小烧杯内称取试样 20 g（精确至 0.01 g），用蒸馏水将试样洗入 250 mL 容量瓶中，加蒸馏水至总容量的二分之一，加塞振荡，再加蒸馏水至刻度，摇匀。待瓶内液体澄清后，用 50 mL 移液管吸取澄清液 50 mL 注入 250 mL 碘价瓶中，加入 1 N KOH 溶液 25 mL。将瓶内混合液用力振摇后放置 10 min，然后一边振荡一边加入 1 : 3 硫酸溶液 10 mL 和淀粉液 1 mL，以碘标准溶液滴定至呈现蓝色并至半分钟不褪色为止。同时，不加试样按上述步骤进行空白试验。

四、结果计算

$$SO_2 = [(V_1 - V_2) \times N \times 0.032 \times 5]/W \times 100$$

V_1——滴定时所耗碘标液的量（mL）；

V_2——滴定空白试验所耗碘标液的量（mL）；

N——碘标准溶液的规定浓度；

W——样品的重量（g）；

0.032——二氧化硫的毫克当量。

实验十六　柠檬酸含量的测定

一、实验目的

（1）掌握配制和标定 NaOH 标准溶液的方法。

（2）进一步熟练滴定管的操作方法。

（3）掌握柠檬酸含量测定的原理和方法。

二、实验仪器和试剂

1. 仪器

4F 滴定管、锥形瓶、容量瓶、移液管（25 mL）、烧杯、洗瓶。

2. 试剂

邻苯二甲酸氢钾（基准物质，100 ℃～125 ℃干燥 1 h，然后放入干燥器内冷却后备用）；NaOH 固体；柠檬酸试样；0.2% 酚酞乙醇溶液。

三、实验原理

大多数有机酸是固体弱酸，如果有机酸能溶于水且解离常数 $Ka \geqslant 10^{-7}$，可称取一定量的试样，溶于水后用 NaOH 标准溶液滴定，滴定突跃在弱碱性范围内，常选用酚酞为指示剂，滴定至溶液由无色变为微红色即终点。根据 NaOH 标准溶液的浓度 C

和滴定时所消耗的体积 V 及称取有机酸的质量，计算有机酸的含量。有机酸试样通常有柠檬酸、草酸、酒石酸、乙酰水杨酸、苯甲酸等。滴定产物是强碱弱酸盐，滴定突跃在碱性范围内，可选用酚酞为指示剂。用 NaOH 标准溶液滴定至溶液呈粉红色（30 s 不褪色）为终点。

四、实验步骤

1. 0.10 mol·L⁻¹ NaOH 溶液的标定

准确称取 0.4 ～ 0.6 g 邻苯二甲酸氢钾，置于 250 mL 锥形瓶中，加入 20 ～ 30 mL 水，微热使其完全溶解。待溶液冷却后，加入 2 ～ 3 滴 0.2% 酚酞指示剂，用待标定的 NaOH 溶液滴定至溶液呈微红色，半分钟内不褪色，即终点（如果较长时间后微红色慢慢褪去，是溶液吸收了空气中的二氧化碳所致），记录所消耗 NaOH 溶液的体积。平行测定 3 次。

2. 柠檬酸试样含量的测定

用分析天平采用差减法准确称取柠檬酸试样约 1.5 g，置于小烧杯中，加入适量水溶解，定量转入 250 mL 容量瓶中，用水稀释至刻度，摇匀。用 25 mL 移液管移取上述试液于 250 mL 锥形瓶中，加入酚酞指示剂 1 ～ 2 滴，用 NaOH 标准溶液滴至溶液呈微红色，保持 30 s 不褪色，即终点。记下所消耗 NaOH 溶液体积，计算柠檬酸质量分数。如此平行测定 3 次，将相关数据填入表 2 中。

五、实验数据记录及处理

写出有关公式，将实验数据和计算结果填入表 1 和表 2。根据记录的实验数据分别计算出 NaOH 溶液的准确浓度和柠檬酸的质量分数，并计算三次测定结果的相对标准偏差。对标定结果要求相对标准偏差小于 0.2%，对测定结果要求相对标准偏差小于 0.3%。

表 1　邻苯二甲酸氢钾标定氢氧化钠

滴定编号	1	2	3
V_{NaOH}/mL			
$m_{\text{邻苯二甲酸氢钾}}$/g			
C_{NaOH}/mol·L⁻¹			

滴定编号	1	2	3
C_{NaOH} 平均值 /mol·L^{-1}			
相对平均偏差			
相对标准偏差			

表 2　柠檬酸质量分数

滴定编号	1	2	3
m（H$_3$A）/g			
V（H$_3$A）/mL			
$V_{(NaOH)}$/mL			
ω（H$_3$A）			
$\bar{\omega}$（H$_3$A）			
相对平均偏差			
相对标准偏差			

计算公式：

$$\omega(HnA) = \frac{\dfrac{1}{n} c(NaOH) \times V(NaOH) \times M(HnA)}{m_s \times \dfrac{25.00}{250.00} \times 1\,000}$$

式中：n=3 为柠檬酸的个数；M（H$_n$A）=210.14 g/mol 为有机酸的摩尔质量；m_s 为有机酸试样（柠檬酸）的称样量。

六、思考题

（1）为什么试样要先称取 1.5 g，稀释定容后又移取 25 ml（十分之一）滴定，能否直接称取 0.15 g 于锥形瓶中，直接用 NaOH 标准溶液滴定？

（2）本次实验中用的试样是一水柠檬酸，如果部分失水，测定结果偏高还是偏低？

实验十七　酱油中氨基酸态氮的测定

一、实验原理

氨基酸态氮是以氨基酸形式存在的氮元素，它的含量是酱油的营养指标，其含量越高，酱油的鲜味越强，质量越好。氨基酸态氮的测定主要通过氨基酸羧基的酸度来测定样品中氨基酸态氮的含量。氨基酸含有羧基和氨基，在一般情况下呈中性，故需要加入甲醛与氨基结合，固定氨基的碱性，使羧基显示出酸性，用氢氧化钠标准溶液滴定后进行定量，用酸度计测定终点。

$$R-\underset{\underset{NH_2}{|}}{CH}-COOH \ + HCHO= R-\underset{\underset{NH-CH_2OH}{|}}{CH}-COOH$$

$$R-\underset{\underset{NH-CH_2OH}{|}}{CH}-COOH \ + NaOH= \ R-\underset{\underset{NH-CH_2OH}{|}}{CH}-COONa \ + H_2O$$

二、实验仪器和试剂

1. 仪器

酸度计、磁力搅拌器、碱式滴定管、100 mL 烧杯。

2. 试剂

甲醛溶液（36%）、氢氧化钠标准溶液（0.05 mol/L）。

三、实验步骤

（1）准确吸取酱油 5.0 mL 置于 100 mL 容量瓶中，加水至刻度，摇匀后吸取 20.0 mL 置于 100 mL 烧杯中，加水 60 mL，插入酸度计，开动磁力搅拌器，用

0.05 mol/L NaOH 标准溶液滴定酸度计指示 pH=8.2，记录消耗氢氧化钠标准溶液的体积（mL）。

（2）向上述溶液中准确加入甲醛溶液 10.0 mL，摇匀，继续用 0.05 mol/L NaOH 标准溶液滴定至 pH=9.2，记录消耗氢氧化钠标准溶液的体积（mL），供计算氨基酸态氮含量用。

（3）试剂空白试验。取蒸馏水 80 mL 置于另一个 200 mL 洁净烧杯中，先用 0.05 mol/L 的氢氧化钠标准溶液滴定至 pH=8.2（此时不计碱消耗量）；再加入 10.0 mL 甲醛溶液，继续用 0.05 mol/L NaOH 标准溶液滴定酸度计指示 pH=9.2，第二次所用的氢氧化钠标准溶液的体积为测定氨基酸态氮的试剂空白试验，并将结果填入表 1 中。

表 1　数据记录表

项目	加甲醛前消耗 NaOH 量 /mL	加甲醛后消耗 NaOH 量 /mL	NaOH 标准溶液浓度 / (mol·L⁻¹)
样品 1			
样品 2			
空白对照			

四、结果计算

$$X = \frac{(V - V_0) \times C \times 0.014 \times 100}{5 \times 20} \times 100$$

式中：

X——样品中氨基酸态氮的含量（g/100 mL）；

V——测定用的样品稀释液加入甲醛后消耗氢氧化钠标准溶液的体积（mL）；

V_0——在试剂空白试验中加入甲醛后消耗氢氧化钠标准溶液的体积（mL）；

20——样品稀释液取用量（mL）；

C——氢氧化钠标准溶液的浓度（mol/L）；

0.014——1.00 mL 氢氧化钠标准溶液 [$C_{(NaOH)}$ =1.000 mol/L] 相当于氮的质量（g），单位（g/mmol）。

计算结果保留三位有效数字。

五、注意事项

（1）pH=8.2 是溶液中所有酸性成分与 NaOH 标准溶液完全反应后的 pH 值，即总酸。pH=9.2 是溶液中氨态氮中的羧基与 NaOH 标准溶液完全反应后的 pH 值。本实验设定的是 pH 为 8.2 和 9.2 的情况，由于酱油中还有总酸度，所以即使不测定总酸度，也要将总酸中和，用 pH=8.2 时 NaOH 标准溶液消耗的体积与 pH=9.2 时 NaOH 标准溶液消耗的体积之差来计算样品中氨态氮含量。

（2）可参照 GB 18186—2000 中规定以氨基酸态氮（以氮计）在酱油中含量的标准，评定酱油等级。

实验十八　白酒中甲醇的测定（品红 – 亚硫酸比色法）

一、实验原理

白酒中的甲醇在磷酸溶液中被高锰酸钾氧化成甲醛，甲醛与品红亚硫酸作用生成蓝紫色醌类色素，与标准系列比较定量。过量的高锰酸钾及在反应中产生的二氧化锰可用硫酸 – 草酸溶液除去。

二、实验仪器和试剂

1. 仪器

紫外 – 可见分光光度计。

2. 试剂

（1）高锰酸钾 – 磷酸溶液：称取 3 g 高锰酸钾，加入 15 mL 85% 磷酸溶液及 70 mL 水的混合液中，待高锰酸钾溶解后用水定容至 100 mL。贮于棕色瓶中备用。

（2）草酸 – 硫酸溶液：称取 5 g 无水草酸（$H_2C_2O_4$）或 7 g 含 2 个结晶水的草酸（$H_2C_2O_2 \cdot 2H_2O$），溶于 1：1 冷硫酸中，并用 1：1 冷硫酸定容至 100 mL。混匀后，贮于棕色瓶中备用。

（3）品红亚硫酸溶液：称取 0.1 g 研细的碱性品红，分次加水（80 ℃）共 60 mL，边加水边研磨使其溶解，待其充分溶解后滤于 100 mL 容量瓶中，冷却后加 10 mL（10%）亚硫酸钠溶液，1 mL 盐酸，再加水至刻度，充分混匀，放置过夜。如溶液有颜色，可加少量活性炭搅拌后过滤，贮于棕色瓶中，置暗处保存。当溶液呈红色时，应弃去重新配制。

（4）甲醇标准溶液：准确称取 1.000 g 甲醇（相当于 1.27 mL）置于预先装有少量蒸馏水的 100 mL 容量瓶中，加水稀释至刻度，混匀。

（5）甲醇标准使用液：吸取 10.0 mL 甲醇标准溶液置于 100 mL 容量瓶中，加水稀释至刻度，混匀。

（6）无甲醇、无甲醛的乙醇制备：取 300 mL 乙醇（95%），加高锰酸钾少许，振摇后放置 24 h，蒸馏，最初和最后的 1/10 蒸馏液弃去，收集中间馏出液约 200 mL。用酒精比重计测其浓度，然后加水配成无甲醇的乙醇（体积分数为 60%）

取 300 mL 乙醇（95%），加高锰酸钾少许，蒸馏，收集馏出液。在馏出液中加入硝酸银溶液（取 1 g 硝酸银溶于少量水中）和氢氧化钠溶液（取 1.5 g 氢氧化钠溶于少量水中），摇匀，取上清液蒸馏，弃去最初 50 mL 馏出液，收集中间馏出液约 200 mL，用酒精比重计测其浓度，然后加水配成无甲醇的乙醇（体积分数为 60%）。

（7）100 g/L 亚硫酸钠溶液。

三、实验步骤

（1）根据待测白酒中含乙醇多少适当取样（含乙醇 30% 取 1.0 mL；40% 取 0.8 mL；含乙醇 50% 取 0.6 mL；含乙醇 60% 取 0.5 mL）于 25 mL 具塞比色管中。

（2）精确吸取 0.0 mL、0.20 mL、0.40 mL、0.60 mL、0.80 mL、1.00 mL 甲醇标准应用液（相当于 0.0 mg、0.2 mg、0.4 mg、0.6 mg、0.8 mg、1.0 mg 甲醇）分别置于 25 mL 具塞比色管中，各加入 0.5 mL 60% 的无甲醇的乙醇溶液。

（3）于样品管及标准管中各加水至 5 mL，再依次加入 2 mL 高锰酸钾 – 磷酸溶液，混匀，放置 10 min。

（4）各管加 2 mL 草酸 – 硫酸溶液，混匀后静置，使溶液褪色。

（5）各管再加入 5 mL 品红亚硫酸溶液，混匀，于 20 ℃以上静置 0.5 h。

（6）以 0 管调零点，于 590 nm 波长处测吸光度，与标准曲线比较定量。

四、结果计算

$$X = \frac{m}{V \times 1000} \times 100$$

式中：

X——样品中甲醇含量（g/100 mL）；

V_1——测定样品中所含的甲醇相当于标准的毫克数（mg）；

V_2——样品取样体积（mL）；

五、注意事项

（1）亚硫酸品红溶液呈红色时应重新配制，新配制的亚硫酸品红溶液应放入冰箱保留 24 ～ 48 h 后再用为好。

（2）白酒中其他醛类及经高锰酸钾氧化后由醇类变成的醛类（如乙醛、丙醛等），与品红亚硫酸作用也显色，但在一定浓度的硫酸酸性溶液中，除甲醛可形成经久不褪的紫色外，其他醛类则历时不久即颜色消退或不显色，故无干扰。因此，操作中时间条件必须严格控制。

（3）酒样和标准溶液中的乙醇浓度对比色有一定的影响，故样品与标准管中乙醇含量要大致相等。

实验十九　用旋光法测定谷氨酸钠含量

一、实验目的

通过旋光法测定味精的谷氨酸钠含量以确定味精的纯度，并进一步熟悉并学习旋光法测定的操作。

二、实验原理

谷氨酸钠分子结构中含 1 个不对称碳原子，具有光学活性，能使偏振光面旋转一定角度。因此，可用旋光仪测定其旋光度，并根据旋光度换算谷氨酸钠的含量。

三、实验仪器

旋光仪，分析天平，干燥箱，100 mL 容量瓶，温度计。

四、实验步骤

（1）准确称取味精样品 10.00 g，加 20 ～ 25 mL 蒸馏水，搅拌下加入 32 mL 的 6 mol/L 的 HCl，使其全部溶解，冷却至室温，用蒸馏水定容至 100 mL。

（2）将旋光仪电源接通。

（3）打开电源开关，点亮钠光灯预热 15 min。

（4）按下测量开关，机器处于自动平衡状态。复测 1 ～ 2 次，再按清零按钮清零。

（5）将装有蒸馏水或其他空白溶剂的试管放入样品室，盖上箱盖，待小数稳定后，按清零按钮清零。试管通光面两端的雾状水滴，应用软布揩干。

（6）取出试管，将味精样品注入试管，按相同的位置和方向放入样品室内，盖好箱盖。仪器读数窗将显示出该样品的旋光度。等到测数稳定，即可读取读数。

（7）逐次按下复测按键，取几次测量的平均值作为样品的测定结果。

（8）仪器使用完毕后，应依次关闭测量、光源、电源开关。

注：用旋光法测定谷氨酸钠含量时，比旋光度应在"＋24.91°～＋25.29°"范围内。

五、结果计算

当温度为 t 时，旋光物质的比旋光度：

$$[a]_{样}^t = \frac{a \times 100}{\rho \times L}$$

式中：

a——测得旋光度（°）；

L——旋光管长度（dm）；

p——100 mL 样品溶液中含旋光物质的质量（g）。

因测定时溶液中是 L–谷氨酸，故需将味精样品的质量 m_1 换算成 L–谷氨酸的质量 m_2：

$$m_2 = m_1 \times \frac{147.13}{187.13}$$

式中：

147.13——L–谷氨酸的相对分子质量；

187.13——味精的相对分子质量（含 1 分子结晶水的 L–谷氨酸钠盐）。

纯 L–谷氨酸 20 ℃时比旋光度为 +32°，校正为 t 时比旋光度：

$$[\alpha]^t_{纯} = 32 + 0.06 \times (20 - t)$$

$$味精纯度（\%）= \frac{[\alpha]^t_{样}}{[\alpha]^t_{纯}} \times 100\%$$

注：此方法可用于味精掺伪的检查。味精掺伪物主要有食盐、淀粉、小苏打、石膏、硫酸镁、硫酸钠或其他无机盐类。

味精中谷氨酸钠、食盐、水分的总和大约为 100%，参见表 1。如相差过大，可怀疑掺伪。食盐和谷氨酸钠在不同规格的味精中均有固定的含量要求，当氯化钠超过限量或谷氨酸钠含量不足时，都可视为掺伪。

表 1 味精中各组分含量

项 目	晶 体	粉 末	味 精	味 精	味 精
谷氨酸钠含量 /%	≥ 99	≥ 99	≥ 95	≥ 90	> 80
水分 /%	≤ 0.2	≤ 0.3	0.5	≤ 0.7	≤ 1.0
氯化钠含量（以 Cl 计）/%	≤ 0.15	≤ 0.5	≤ 5.0	≤ 10	≤ 20
透光率 /%	≥ 95	≥ 90	≥ 85	≥ 80	≥ 70
外观	白色有光泽晶体	白色粉末	白色粉状或混盐晶体	白色粉状或混盐晶体	白色粉状或混盐晶体
砷含量 /（mg·kg⁻¹）	≤ 0.5	≤ 0.5	≤ 0.5	≤ 0.5	≤ 0.5
铅含量 /（mg·kg⁻¹）	≤ 1.0	≤ 1.0	≤ 1.0	≤ 1.0	≤ 1.0
铁含量 /（mg·kg⁻¹）	≤ 5	≤ 5	≤ 10	≤ 10	≤ 10
锌含量 /（mg·kg⁻¹）	≤ 5	≤ 5	≤ 5	≤ 5	≤ 5

实验二十　水产品中甲醛的测定

一、实验目的

（1）了解水产品中甲醛的快速检测方法。

（2）掌握用分光光度法测定水产品中甲醛含量。

二、实验原理

（1）利用水溶液中游离的甲醛与某些化学试剂产生特异性反应后，形成特定的颜色进行鉴别。

（2）水产品中的甲醛在磷酸介质中经水蒸气加热蒸馏，冷凝后经水溶液吸收，再用乙酰丙酮与蒸馏液中甲醛反应，生成黄色的二乙酰基二氢二甲基吡啶，用紫外 – 可见分光光度计在 413 nm 处比色定量。

三、实验仪器和试剂

1. 仪器

组织捣碎机，振荡器，离心机，天平，紫外 – 可见分光光度计。

2. 试剂

（1）甲醛参比液（5 mg/kg）：吸取甲醛标准液（100 ug/mL）2.5 mL 于 50 mL 容量瓶中，定容。

（2)1% 间苯三酚溶液：称取固体间苯三酚 1 g，溶于 100 mL12% 氢氧化钠溶液中。（此溶液应现配现用）

（3）盐酸溶液（1+9）：量取盐酸 100 mL，加到 900 mL 的水中。

（4）磷酸溶液（10%）：移取磷酸 10 mL，用水稀释至 100 mL。

（5）乙酰丙酮溶液：称取乙酸铵 25 g，溶于 100 mL 蒸馏水中，加冰乙酸 3 mL 和乙酸丙酮 0.4 mL，混匀，储存于棕色瓶中，在 2 ℃～ 8 ℃冰箱内存放，可用 20 ～ 30 d。

（6）甲醛标准使用液：精确吸取 12.50 mL 甲醛标准溶液（100 ug/mL）于 250 mL 容量瓶中，加水稀释至刻度，混匀备用。（此溶液应现配现用）

四、实验步骤

1. 定性检测

（1）取样。

鲜活水产品：鲜活水产品取肌肉等可食部分测定。鱼类去头、去鳞，取背部和腹部肌肉；虾去头、去壳、去肠腺后取肉；贝类去壳后取肉；蟹类去壳、去性腺和肝脏后取肉。

冷冻水产品：冷冻水产品经半解冻直接取样，不可用水清洗。

水发水产品：水发水产品可取其水发溶液直接测定，或将样品沥水后，取可食部分测定。

干制水产品：干制水产品取肌肉等可食部分测定。

（2）制样。

将取得的样品用组织捣碎机捣碎，称取 10 g 于 50 mL 离心管中，加入 20 mL 蒸馏水，震荡 30 min，离心后取上清液作为样品制备液进行定性测定；也可直接取用水发水品的水发溶液澄清液，作为样品制备液进行定性筛选实验。

（3）测定。

取样品制备液 5 mL 于 10 mL 纳氏比色管中，然后加入 1 mL 1% 间苯三酚溶液，两分钟内观察颜色变化。溶液若呈橙红色，则有甲醛存在且甲醛含量较高；溶液若呈浅红色，则含有甲醛且含量较低。对照甲醛参比液反应后的颜色，如接近或比之颜色要深则该样品须做定量测定，溶液若无颜色变化，视为甲醛未检出。

水发鱿鱼、水发虾仁等样品的制备液因带浅红色，不适合此法。

2. 定量检测

（1）样品处理。

将按上述定性检测要求取得的样品，用组织捣碎机捣碎，混合均匀后称取 10.00 g，移入定氮仪消化管中，用 20 mL 蒸馏水浸泡 30 min 后加入磷酸溶液后立即将消化管接回蒸馏头，开启定氮仪内置蒸馏程序，开始蒸馏。以三角锥瓶接收蒸馏液。将所有蒸馏液移入 250 mL 容量瓶中，定容，混匀。

（2）标准曲线的绘制。

精确吸取甲醛标准使用液 0.0 mL、2.0 mL、4.0 mL、6.0 mL、8.0 mL、10.0 mL 于 20 mL 比色管中，加水至 10 mL；加入 1 mL 乙酰丙酮溶液，混匀，置沸水浴中加热 10 min，取出用水冷却至室温；以空白液作参比，于波长 413 nm 处，以 1 cm 比色皿进行比色，测定吸光度，绘制标准曲线（大约 20～30 d 绘制一次）。

（3）样品测定。

准确吸取定容后的样品蒸馏液 10 mL，加入 1 mL 乙酰丙酮溶液，混匀，置沸水浴中加热 10 min，取出用水冷却至室温；以空白液作参比，于波长 413 nm 处，以 1 cm 比色皿进行比色，记录测得吸光度（每个样品应做两个平衡测定，取其算术平均值）。

五、结果计算

试样中甲醛含量按下式计算（计算结果保留两位有效数字）。

$$X = \frac{c \times 10}{m \times V} \times 200$$

式中：

X——水产品中甲醛含量（mg/kg）；

C——查曲线结果（μg/mL）；

10——显色溶液的总体积（mL）；

m——样品质量（g）；

V——用于测定所吸取的样品蒸馏液体积（mL）；

200——样品蒸馏液定容体积（mL）。

注：

回收率 ≥ 60%。

样品中的甲醛检出限为 0.50 mg/kg。

在重复性条件下获得两次独立测定结果：

样品中甲醛含量 ≤ 5 mg/kg 时，相对偏差 ≤ 10%；

样品中甲醛含量 ≥ 5 mg/kg 时，相对偏差 ≤ 5%。

实验二十一　牛乳冰点的测定

一、实验目的

了解并掌握牛乳冰点的测定方法。

纯水的冰点为 0 ℃，而生鲜牛奶的冰点较纯水低，国际公认平均值为 −0.533 ℃，

其变动范围 –0.516 ℃～ 0.533 ℃。在实际生产中，造成冰点下降的原因是牛奶中含有一定浓度的可溶性乳糖和氯化物等盐类，其浓度能保持平衡，故原料乳中的冰点下降基本保持一致，只在很小范围内变化。当牛奶中掺水或其他杂质时，牛奶冰点即刻发生变化，牛奶掺水后，由于它的组分发生变化，脂肪、蛋白质等的含水量降低，致使其物理状况和化学性质发生变化。因此，通过检测牛奶的冰点，即可查出牛奶中是掺入了水还是掺入了杂质，此法还能测出加水的数量。

二、实验原理

当被测乳样冷却到 –3 ℃时，通过瞬时释放热量即可使样品产生结晶，待样品温度达到平衡状态，并在 20 s 内温度回升不超过 0.5 m℃时，此时的温度即为样品的冰点。

三、实验试剂和材料

氯化钠（NaCl）：将氯化钠磨细后置于干燥箱中，在 130 ℃ ±2 ℃干燥 24 h 以上，于干燥器中冷却至室温。

冷却液：量取 330 mL 乙二醇于 1 000 mL 容量瓶中，用水定容至刻度并摇匀，其体积分数为 33%。

氯化钠标准溶液 A：称取 6.763 g 氯化钠，溶于 1 000 ± 0.1 g 水中。将标准溶液分装贮存于容量不超过 250 mL 的聚乙烯塑料瓶中，并置于温度为 5 ℃左右的冰箱冷藏室，保存期限为两个月，其冰点值为 –400 m℃。

氯化钠标准溶液 B：称取 9.475 g 氯化钠，溶于 1 000 ± 0.1 g 水中。将标准溶液分装贮存于容量不超过 250 mL 的聚乙烯塑料瓶中，并置于温度为 5 ℃左右的冰箱冷藏室，保存期限为两个月，其冰点值为 –557 m℃。

氯化钠标准溶液 C：称取 10.220 g 氯化钠，溶于 1 000 ± 0.1 g 水中。将标准溶液分装贮存于容量不超过 250 mL 的聚乙烯塑料瓶中，并置于温度为 5 ℃左右的冰箱冷藏室，保存期限为两个月，其冰点值为 –600 m℃。

四、实验仪器和设备

1. 仪器

分析天平：感量 0.000 1 g；干燥箱：温度可控制在 130 ℃ ±2 ℃。

2. 设备

热敏电阻冰点仪：检测装置、冷却装置、搅拌金属棒、结晶装置和温度显示仪。

（1）检测装置及冷却装置：温度传感器为直径为 $1.60 ± 0.4$ mm 的玻璃探头，在 $0\ ℃$ 时的电阻在 $3\ Ω \sim 30\ kΩ$ 之间。传感器转轴的材质和直径应保证其向样品做热传递时，将值控制在 $2.5 × 10^{-3}\ J·S^{-1}$ 以内。当探头在测量位置时，热敏电阻的顶部应位于样品管的中轴线且顶部离内壁与管底保持相等距离。温度传感器和相应的电子线路在 $-600\ m℃ \sim 400\ m℃$ 之间，测量分辨率为 $1\ m℃$。冷却装置应保持冷却液体的温度恒定在 $-7\ ℃ ± 0.5\ ℃$。

在仪器正常工作时，此循环系统在 $-600\ m℃ \sim -400\ m℃$ 范围之间任何一个点的线性误差应不超过 $1\ m℃$。

（2）搅拌金属棒：耐腐蚀，在冷却过程中搅拌测试样品。搅拌金属棒应根据相应仪器的安放位置来调整振幅。在正常搅拌时，金属棒不得碰撞玻璃传感器或样品管壁。

（3）结晶装置：当测试样品达到 $-3.0\ ℃$ 时，启动结晶的机械振动装置，在结晶时使搅拌金属棒在 $1\ s \sim 2\ s$ 内加大振幅，使其碰撞样品管壁。

五、实验步骤

1. 试样制备

测试样品要保存在温度为 $0\ ℃ \sim 6\ ℃$ 的冰箱冷藏室中，并于 48 h 内完成测定。测试前，样品应存放于室温，且应使测试样品和氯化钠标准溶液测试时的温度应保持一致。

2. 仪器预冷

开启热敏电阻冰点仪，待热敏电阻冰点仪传感探头升起后，打开冷阱盖，按生产商规定加入相应体积冷却液，盖上盖子，使冰点仪进行预冷。预冷 30 min 后，开始测量。

3. 校准

校准前应按表 1 配制不同冰点值的氯化钠标准溶液。可选择表 1 中两种不同冰点值的氯化钠标准溶液进行仪器校准，两种氯化钠标准溶液冰点差值不应少于 $100\ m℃$，且应覆盖被测样品相近冰点值范围。

表 1 氯化钠标准溶液的冰点

氯化钠溶液 / (g/L⁻¹)	氯化钠溶液 ª/ (g/L⁻¹)	冰点 /m℃
6.763	6.731	–400.0
6.901	6.868	–408.0
7.625	7.587	–450.0
8.489	8.444	–500.0
8.662	8.615	–510.0
8.697	8.650	–512.0
8.835	8.787	–520.0
9.008	8.959	–530.0
9.181	9.130	–540.0
9.354	9.302	–550.0
9.475	9.422	–557.0
10.220	10.161	–600.0
在称取此列中氯化钠的量配制标准溶液时，应先将水煮沸，并冷却保持至 20 ℃ ± 2 ℃、定容至 1 000 mL。		

A 校准：分别取 2.5 mL 标准溶液 A，依次放入三个样品管中，在启动后的冷阱中插入装有校准液 A 的样品管。当重复测量值在 –400 m℃ ± 2 m℃ 校准值时，即完成校准。

B 校准：分别取 2.5 mL 标准溶液 B，依次放入三个样品管中，在启动后的冷阱中插入装有校准液 B 的样品管。当重复测量值在 –557 m℃ ± 2 m℃ 校准值时，即完成校准。

C 校准：测定生羊乳时，还应使用 C 校准。分别取 2.5 mL 标准溶液 C，依次放入三个样品管中，在启动后的冷阱中插入装有校准溶液 C 的样品管。当重复测量值在 –600 m℃ ±2 m℃校准值时，即完成校准。

4. 质控校准

在每次开始测试前应使用质控校准。在连续测定乳样时，冰点仪每小时至少进行一次质控校准。如两次测量的算术平均值与氯化钠标准溶液（–512 m℃）差值大于 2 m℃，则应重新开展仪器校准。

5. 样品测定

应在避免混入空气产生气泡的情况下，轻轻摇匀待测试样。移取 2.5 mL 试样至一个干燥清洁的样品管中，将样品管放到已校准过的热敏电阻冰点仪的测量孔中。开启冰点仪冷却试样，当温度达到 –3.0 ℃ ±0.1 ℃时试样开始冻结，当温度达到平衡（在 20 s 内温度回升不超过 0.5 m℃）时，冰点仪停止测量，传感头升起，此时显示温度即为样品冰点值。测试结束后，应保证探头和搅拌金属棒清洁、干燥。如果试样在温度达到 –3.0 ℃ ±0.1 ℃前已开始冻结，需重新取样测试。如果在第二次测试时冻结仍然太早发生，那么应将剩余的样品于 40 ℃ ±2 ℃加热 5 min，以融化结晶脂肪；此后，再重复样品测定步骤。测定结束后，移走样品管，并用水冲洗温度传感器和搅拌金属棒并擦拭干净。

记录试样的冰点测定值。

六、分析结果的表述

生乳样品的冰点测定值应取两次测定结果的平均值，单位以 m℃计，保留三位有效数字。

如果牛乳样品的冰点明显高于 –530.0 m℃，则说明样品可能掺水。可按下式计算掺水量：

$$掺水量（\%）= \frac{-550 - T}{-550} \times 100\%$$

式中：

T——样品乳的冰点测定值（m℃）。

注：在重复性条件下获得的两次独立测定结果的绝对差值不超过 4 m℃。方法检出限为 2 m℃。

实验二十二 食醋中游离矿酸的检验

一、实验目的

了解并掌握食醋中游离矿酸的检测方法。

游离矿酸主要指盐酸、硫酸、硝酸、硼酸等无机酸。如果用工业用乙酸充当食用乙酸，有可能将游离矿酸带入食醋中。如果在食醋中检出游离矿酸，说明其可能添加了工业用乙酸。

二、实验原理

当游离矿酸（硫酸、硝酸、盐酸等）存在时，氢离子浓度增大，故可改变指示剂颜色。

三、实验试剂和材料

百里草酚蓝，甲基紫（$C_{25}H_{30}N_3Cl$），氢氧化钠（NaOH），乙醇（CH_3CH_2OH）。

1. 试剂

氢氧化钠溶液（4 g/L）：取氢氧化钠 2 g 溶解于水中，加水至 500 mL。

2. 材料

百里草酚蓝试纸：取 0.10 g 百里草酚蓝，溶于 50 mL 乙醇中，再加 6 mL 氢氧化钠溶液（4 g/L），加水至 100 mL。将此液浸透滤纸晾干后，即可贮存备用。

甲基紫试纸：称取 0.10 g 甲基紫，溶于 100 mL 水中，将滤纸浸于此液中，取出晾干后，即可贮存备用。

四、实验步骤

1. 试样溶液的测定

用毛细管或玻璃棒沾少许试样，分别点在百里草酚蓝和甲基紫试纸上，观察其变化情况。

2. 结果判定

若百里草酚蓝试纸上出现紫色斑点或紫色环（中心淡紫色），表示有游离矿酸存在。不同浓度的乙酸、冰乙酸在百里草酚蓝试纸上呈现橘黄色环（中心淡黄色或无色）。若甲基紫试纸变为蓝绿色，表示有游离矿酸存在。

五、分析结果

当百里草酚蓝试纸和甲基紫试纸检测结果均判定为阳性时，即可判定该样品含有游离矿酸。

注：方法检出限为 5 mg/L。

实验二十三　小麦粉中掺入滑石粉的检验

一、实验目的

（1）了解小麦粉的掺假方式。

（2）掌握小麦粉中掺入滑石粉的检验方法。

二、实验原理

滑石粉 [$Mg_3(Si_4O_{10})(OH)_2$] 是一种无机化合物，经处理后其水溶液中如滴加盐酸会产生 H_2SiO_3，呈胶絮状的物质析出。正常标准的小麦面粉中不含有二氧化硅杂质。

三、实验步骤

将小麦粉灰化后，加入 2 倍量以上的研成细末状的氢氧化钾，充分混合均匀，于 600 ℃下熔融；冷却后加水溶解，向水溶液中滴加盐酸（1+1）使之呈酸性，如有胶絮状物质析出，表明检出二氧化硅。同时，做空白对照。

四、结果判断

正常的小麦粉一般不会检出二氧化硅，但掺入 1% 以上滑石粉的小麦粉则可检出二氧化硅。

五、思考题

（1）小麦粉中为什么会加入滑石粉？

（2）还有哪些方法能鉴别小麦粉中是否添加了滑石粉？

实验二十四　食糖中掺入淀粉的检测

一、实验目的

了解并掌握食糖中掺入淀粉的检验方法。

二、实验原理

掺入淀粉的食糖其糖溶液浑浊不清，加碘液观察，淀粉遇碘液呈蓝色、蓝紫色。

三、实验方法

取食糖 5 g 于 50 ～ 100 mL 烧杯中，加蒸馏水 20 mL，至于电炉上煮沸。冷却后加入 1% 碘液 2 滴，观察颜色变化。如产生蓝色、蓝紫色，即可判断试样中有淀粉类物质存在。

第二部分　综合检验实验

　　本部分以综合实验为主，共提供 18 个综合检验实验。综合检验实验从有利于食品相关工作角度出发，紧紧围绕国家相关标准和食品掺伪的热点问题，属应用性较强的综合性检验实验，主要内容包括样品处理、多组分检测及部分食品掺伪的常规检验。这些实验与第一部分相比，实验内容较多，流程较烦琐，目的是提高学生进行食品安全检验的综合能力。通过学生对这部分综合实验的学习，在知识目标方面，学生能进一步了解检验的基本原理，通过分析国标要求，有针对性地选择实验方法；在技能目标方面，学生能运用国标进行规范检验；在情感价值观目标方面，学生能关注食品安全，追求检验准确性，认同检验工作的重要性，提升科学思维和职业使命感。

　　思政触点三：利用高效液相色谱仪，进行婴幼儿食品和乳品中乳糖、蔗糖的测定（实验六）——遵纪守法、诚实守信，明确专业职责，捍卫食品安全，维护群众利益。

　　近年来，食品质量问题频发，其中食品添加剂的过量使用、超范围使用、重复使用等问题尤为突出，保证婴幼儿辅食食品质量安全已成为一项食品安全工程。本实验旨在使学生明确食品卫生检验对人们身体健康、企业生存、国家利益和安全的重要性，培养学生具备科学的思维方法和操作方法，以严格的规范操作和不可辩驳的事实证据为判断准绳，明确食品安全检验人员的重大责任，引导学生形成科学规范的食品检验工作素养，为将来成为人民食品安全的守护者、企业质量的保证者、国家法规的捍卫者打基础。

　　思政触点四：鲜乳中抗生素残留的检测（实验十八）——胸怀大局，有担当、有作为。

　　通过鲜乳中抗生素残留的检测，培养学生的诚信意识、责任意识、大局观念和家国情怀。

实验一　食品中乳糖、蔗糖的测定

一、实验原理

乳糖：试样经除去蛋白质后，在加热条件下，以次甲基蓝为指示剂，直接滴定已标定过的费林氏液，根据样液消耗的体积，计算乳糖含量。

蔗糖：试样除去蛋白质后，其中蔗糖经盐酸水解为还原糖，再按还原糖测定。水解前后的差值乘以相应的系数即为蔗糖含量。

二、试剂和材料

除非另有规定，本方法所用试剂均为分析纯，水为 GB/T 6682 规定的三级水。

1. 试剂

乙酸铅，草酸钾，磷酸氢二钠，盐酸，硫酸铜，浓硫酸，酒石酸钾钠，氢氧化钠，酚酞，乙醇，次甲基蓝。

2. 试剂配制

（1）乙酸铅溶液（200 g/L）：称取 200 g 乙酸铅，溶于水并稀释至 1000 mL。

（2）草酸钾 – 磷酸氢二钠溶液：称取草酸钾 30 g，磷酸氢二钠 70 g，溶于水并稀释至 1 000 mL。

（3）盐酸（1+1）：1 体积盐酸与 1 体积的水混合。

（4）氢氧化钠溶液（300 g/L）：称取 300 g 氢氧化钠，溶于水并稀释至 1 000 mL。

（5）费林氏液（甲液和乙液）：

甲液：称取 34.639 g 硫酸铜溶于水中，加入 0.5 mL 浓硫酸，加水至 500 mL。

乙液：称取 173 g 酒石酸钾钠、50 g 氢氧化钠溶于水中，稀释至 500 mL，静置两天后过滤。

（6）酚酞溶液（5 g/L）：称取 0.5 g 酚酞溶于 100 mL 体积分数为 95% 的乙醇中。

（7）次甲基蓝溶液（10 g/L）：称取 1 g 次甲基蓝溶于 100 mL 水中。

三、仪器和设备

天平：感量为 0.1 mg。

水浴锅：温度控制在 75 ℃ ±2 ℃范围内。

四、实验步骤

1. 费林氏液的标定

（1）用乳糖标定。

称取预先在 94 ℃ ±2 ℃烘箱中干燥 2 h 的乳糖标样 0.75 g（精确到 0.1 mg），用水溶解并定容至 250 mL。将此乳糖溶液注入一个 50 mL 的滴定管中，待滴定。

预滴定：吸取 10 mL 费林氏液（甲、乙液各 5 mL）于 250 mL 三角烧瓶中。加入 20 mL 蒸馏水，放入几粒玻璃珠，从滴定管中放出 15 mL 样液于三角瓶中，置于电炉上加热，使其在 2 min 内沸腾，保持沸腾状态 15 s，加入 3 滴次甲基蓝溶液，继续滴入至溶液蓝色完全褪尽为止，读取所用样液的体积。

精确滴定：另取 10 mL 费林氏液（甲、乙液各 5 mL）于 250 mL 三角烧瓶中，再加入 20 mL 蒸馏水，放入几粒玻璃珠，加入比预滴定量少 0.5 mL ~ 1.0 mL 的样液，置于电炉上，使其在 2 min 内沸腾，维持沸腾状态 2 min，加入 3 滴次甲基蓝溶液，以每两秒滴一滴的速度滴入，溶液蓝色完全褪尽即为终点，记录消耗的体积。

按下式计算费林氏液的乳糖校正值（f_1）：

$$A_1 = \frac{V_1 \times m_1 \times 1\,000}{250} = 4 \times V_1 \times m_1$$

$$f_1 = \frac{4 \times V_1 \times m_1}{AL_1}$$

式中：

A_1——实测乳糖数，单位为毫克（mg）；

V_1——滴定时消耗乳糖溶液的体积，单位为毫升（mL）；

m_1——称取乳糖的质量，单位为克（g）；

f_1——费林氏液的乳糖校正值；

AL_1——由乳糖液滴定毫升数查表 1 所得的乳糖数，单位为毫克（mg）。

表 1 乳糖及转化糖因数表（10 mL 费林氏液）

滴定量 /mL	乳糖 /mg	转化糖 /mg	滴定量 /mL	乳糖 /mg	转化糖 /mg
15	68.3	50.5	33	67.8	51.7

滴定量 /mL	乳糖 /mg	转化糖 /mg	滴定量 /mL	乳糖 /mg	转化糖 /mg
16	68.2	50.6	34	67.9	51.7
17	68.2	50.7	35	67.9	51.8
18	68.1	50.8	36	67.9	51.8
19	68.1	50.8	37	67.9	51.9
20	68.0	50.9	38	67.9	51.9
21	68.0	51.0	39	67.9	52.0
22	68.0	51.0	40	67.9	52.0
23	67.9	51.1	41	68.0	52.1
24	67.9	51.2	42	68.0	52.1
25	67.9	51.2	43	68.0	52.2
26	67.9	51.3	44	68.0	52.2
27	67.8	51.4	45	68.1	52.3
28	67.8	51.4	46	68.1	52.3
29	67.8	51.5	47	68.2	52.4
30	67.8	51.5	48	68.2	52.4
31	67.8	51.6	49	68.2	52.5
32	67.8	51.6	50	68.3	52.5

注："因数"系指与滴定量相对应的数目，可自表 1 中查得。当蔗糖含量与乳糖含量的比超过 3：1 时，则在滴定量中加表 2 中的校正值后计算。

表 2　乳糖滴定量校正值数

滴定终点时所用的糖液量 /mL	用 10 mL 费林氏液滴定时蔗糖及乳糖量的比	
	3:1	6:1
15	0.15	0.30
20	0.25	0.50
25	0.30	0.60
30	0.35	0.70
35	0.40	0.80
40	0.45	0.90
45	0.50	0.95
50	0.55	1.05

（2）用蔗糖标定。

称取在 105 ℃ ±2 ℃烘箱中干燥 2 h 的蔗糖 0.2 g（精确到 0.1 mg），用 50 mL 水溶解并洗入 100 mL 容量瓶中，加水 10 mL，再加入 10 mL 盐酸，置于 75 ℃水浴锅中，时时摇动，使溶液温度在 67.0 ℃～69.5 ℃，保温 5 min，冷却后，加 2 滴酚酞溶液，用氢氧化钠溶液将容量瓶中液体调至微粉色，用水定容至刻度。再按上述方法滴定操作。

按下式计算费林氏液的蔗糖校正值（f_2）：

$$A_2 = \frac{V_2 \times m_2 \times 1\,000}{100 \times 0.95} = 10.526\,3 \times V_2 \times m_2$$

$$f_2 = \frac{10.526\,3 \times V_2 \times m_2}{AL_2}$$

式中：

A_2——实测转化糖数，单位为毫克（mg）；

V_2——滴定时消耗蔗糖溶液的体积，单位为毫升（mL）；

m_2——称取蔗糖的质量，单位为克（g）；

0.95——果糖分子质量和葡萄糖分子质量之和与蔗糖分子质量的比值；

f_2——费林氏液的蔗糖校正值；

AL_2——由蔗糖溶液滴定的毫升数查表 1 所得的转化糖数，单位为毫克（mg）。

2. 乳糖的测定

（1）试样处理。

称取婴儿食品或脱脂粉 2 g，全脂加糖粉或全脂粉 2.5 g，乳清粉 1 g（精确到 0.1 mg），用 100 mL 水分数次溶解并洗入 250 mL 容量瓶中。徐徐加入 4 mL 乙酸铅溶液、4 mL 草酸钾 – 磷酸氢二钠溶液，并振荡容量瓶，用水稀释至刻度。静置数分钟，用干燥滤纸过滤，弃去最初的 25 mL 滤液后，所得滤液待滴定用。

（2）滴定。

预滴定、精确滴定按照上述方法进行。

3. 蔗糖的测定

样液的转化与滴定：取 50 mL 样液于 100 mL 容量瓶中，以下按蔗糖标定自"加 10 mL 水"起依法操作。

五、分析结果的表述

1. 乳糖

试样中乳糖的含量 X 按下式计算

$$X = \frac{F_1 \times f_1 \times 0.25 \times 100}{V_1 \times m}$$

式中：

X——试样中乳糖的质量分数，单位为克每百克（g/100 g）；

F_1——根据消耗样液的毫升数查表 1 得乳糖数，单位为毫克（mg）；

f_1——费林氏液乳糖校正值；

V_1——滴定消耗滤液量，单位为毫升（mL）；

m——试样的质量，单位为克（g）。

以重复性条件下获得的两次独立测定结果的算术平均值表示，结果保留三位有效数字。

2. 蔗糖

（1）利用测定乳糖时的滴定量，按下式计算出相对应的转化前转化糖数 X_1。

$$X_1 = \frac{F_2 \times f_2 \times 0.25 \times 100}{V_1 \times m}$$

式中：

X_1——转化前转化糖的质量分数，单位为克每百克（g/100g）；

F_2——根据测定乳糖时消耗样液的毫升数查表 1 得转化糖数，单位为毫克（mg）；

f_2——费林氏液蔗糖校正值；

V_1——滴定消耗滤液量，单位为毫升（mL）；

m——样品的质量，单位为克（g）。

（2）根据测定蔗糖时的滴定量，按下式计算出相对应的转化后转化糖 X_2。

$$X_2 = \frac{F_3 \times f_3 \times 0.55 \times 100}{V_2 \times m}$$

式中：

X_2——转化后转化糖的质量分数，单位为克每百克（g/100 g）；

F_3——由 V_2 查得转化糖数，单位为毫克（mg）；

f_2——费林氏液蔗糖校正值；

m——样品的质量，单位为克（g）；

V_2——滴定消耗的转化液量，单位为毫升（mL）。

（3）试样中蔗糖的含量 X 按下式计算。

$$X = （X_2 - X_1）\times 0.95$$

式中：

X——试样中蔗糖的质量分数，单位为克每百克（g/100 g）；

X_1——转化前转化糖的质量分数，单位为克每百克（g/100 g）；

X_2——转化后转化糖的质量分数，单位为克每百克（g/100 g）。

以重复性条件下获得的两次独立测定结果的算术平均值表示，结果保留三位有效数字。

（4）若试样中蔗糖与乳糖之比超过 3∶1，则计算乳糖时应在滴定量中加上表 2 中的校正值数后再查表 1。

注：

精密度：在重复性条件下获得的两次独立测定结果的绝对差值不得超过算术平均值的 1.5%。

检出限：本法的检出限为 0.4 g/100 g。

实验二 食品中葡萄糖酸－δ－内酯的测定

一、实验原理

葡萄糖酸－δ－内酯在水中缓慢水解生成葡萄糖酸和少量的葡萄糖酸－γ－内酯并达到水解平衡。试样经水煮沸、提取、定容、过滤，用高效液相色谱分离。通过待测液中葡萄糖酸的峰面积与葡萄糖酸－δ－内酯标准水解为葡萄糖酸的峰面积比较，采用外标法定量计算试样中的葡萄糖酸－δ－内酯的含量。

二、试剂和材料

除非另有说明，本方法所用试剂均为分析纯，水为 GB/T 6682 规定的一级水。

1. 试剂

磷酸二氢钾（KH_2PO_4）；磷酸（H_3PO_4）；葡萄糖酸－δ－内酯（$C_6H_{10}O_6$，CAS 号：90－80－2）：纯度 >98%。

2. 试剂配制

磷酸二氢钾－磷酸缓冲液：称 1.36 g 磷酸二氢钾加 0.5 mL 磷酸用水溶解后定容至 1 L。

葡萄糖酸－δ－内酯标准储备液（5.0 mg/mL）：准确称取 0.250 g 葡萄糖酸－δ－内酯标准品（精确至 0.1 mg），用水加热煮沸提取，冷却后定容至 50 mL 容量瓶。

葡萄糖酸－δ－内酯标准系列工作液：依次吸取 0.50 mL、1.00 mL、2.00 mL、5.00 mL、10.0 mL 葡萄糖酸－δ－内酯标准储备液（5.0 mg/mL）于 100.0 mL 容量瓶中，用磷酸二氢钾－磷酸缓冲液分别定容至刻度，得到浓度分别为 0.025 mg/mL、0.05 mg/mL、0.10 mg/mL、0.25 mg/mL 和 0.50 mg/mL 的葡萄糖酸－δ－内酯标准系列工作液。

三、仪器和设备

高效液相色谱仪，配示差折光检测器；天平：感量 1 mg 和 0.1 mg；匀质机。

四、实验步骤

1. 试样制备

将固体或半固体样品用匀质机粉碎，液体样品用匀浆机打成匀浆。制成后的试样应尽快分析，若不立即分析，应密封冷冻贮存。贮存的试样在启用时应重新混匀。

2. 提取

称取 2～10 g（精确至 0.001 g）试样于 50 mL 烧杯中，加 30 mL 磷酸二氢钾 – 磷酸缓冲液煮沸提取，冷却后用磷酸二氢钾 – 磷酸缓冲液定容至 100 mL 容量瓶，放置 2 h 后经 0.45 μm 水相微孔滤膜过滤，滤液待上机用。

3. 仪器参考条件

（1）色谱柱：有机酸柱柱长 4.6 mm，内径 250 mm，膜厚 5 μm，或分离效果相当的其他硅胶键合柱。

（2）柱温：30 ℃。

（3）示差检测器检测池温度：35 ℃。

（4）流动相：磷酸二氢钾 – 磷酸缓冲液。

（5）流速：0.8 mL/min。

（6）进样量：10 μL。

4. 标准曲线的制作

将标准系列工作液分别注入高效液相色谱仪中，测定相应的葡萄糖酸峰面积，以标准系列工作液的浓度为横坐标，以峰面积为纵坐标，绘制标准曲线。葡萄糖酸 – δ – 内酯标准的色谱图，如图 1 所示。

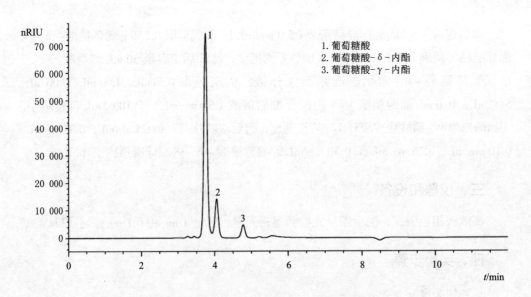

图 1　葡萄糖酸 – δ – 内酯标准溶液的色谱图

5.试样溶液的测定

将试样溶液注入高效液相色谱仪中，得到葡萄糖酸峰面积，与葡萄糖酸－δ－内酯标准水解为葡萄糖酸的峰面积比较，根据标准曲线得到待测液中的葡萄糖酸－δ－内酯的含量。

五、分析结果的表述

试样中葡萄糖酸－δ－内酯含量按下式计算：

$$X = \frac{\rho \times V}{1\,000 \times m} \times 100$$

式中：

X——试样中葡萄糖酸－δ－内酯的含量（%）；

ρ——试样溶液中葡萄糖酸－δ－内酯的浓度，单位为毫克每毫升（mg/mL）；

V——提取液的定容体积，单位为毫升（mL）；

m——试样的质量，单位为克（g）。

计算结果保留三位有效数字。

注：

精密度：在重复性条件下获得的两次独立测定结果的绝对差值不得超过算术平均值的10%。

当称样量为10 g时，方法检出限为0.007 5%，定量限为0.025%。

实验三　液相色谱仪分离测定奶茶、可乐中咖啡因含量

一、实验目的

（1）了解高效液相色谱仪（以安捷伦1100、1260为例）的结构及基本操作。

（2）了解色谱分离的基本原理，尤其是反相色谱的基本规律。

（3）掌握色谱的基本定性、标准曲线定量方法。

二、实验原理

咖啡因又称咖啡碱，属黄嘌呤衍生物，化学名称为 1，3，7– 三甲基黄嘌呤，是从茶叶或咖啡中提取出的一种生物碱，它能使人精神兴奋。咖啡中咖啡因的含量约占 1.2% ~ 1.8%，茶叶中咖啡因的含量约占 2.0% ~ 4.7%。可乐饮料、APC 药片均含咖啡因。

本实验采用液相色谱中的反相分配色谱（反相色谱用的是非极性填料分析柱），而流动相是极性较强溶剂（如甲醇和水）。根据样品在固定相和流动相中的分配系数不同进行分离，以标准样品的保留时间进行定性，以峰面积对浓度绘制的工作曲线定量。

三、仪器和试剂

1. 仪器

安捷伦 1260 型液相色谱仪：真空在线脱气装置、四元梯度泵、多波长检测器、ODS–C18 柱、超声器（用于样品溶解，流动相脱气，玻璃器皿清洗）。

2. 试剂

甲醇（色谱纯），水（超纯水），咖啡因标样，奶茶，可乐。

四、实验步骤

1. 确定实验条件

打开计算机，等计算机启动完毕后，依次打开输液泵、真空在线脱气装置、柱温箱、检测器的开关。待通信完毕后，设定操作条件。

流动相，甲醇：水 =60：40；总流速 0.5 mL/min 设定在 254 nm 波长下进行检测，柱温 30 ℃，流动相的比例可以根据实验内容的需要在控制单元中修改。

2. 样品制备

将可乐、奶茶倒入烧杯后放在超声波仪中超声脱气，去除奶茶、可乐中溶解的空气及大量二氧化碳气体。将脱气后的可乐溶液稀释 5 倍后，通过 0.45 μm 的滤膜过滤，转移至定量管中备用。将脱气后的奶茶溶液用甲醇稀释 5 倍后，离心，取上层清液通过 0.45 μm 的滤膜过滤后，转移至定量管中备用。准确称量 10 mg 的咖啡因用甲醇溶解于 10 ml 的容量瓶中做母液待用，再分别从母液中移取 0.25 mL、0.5 mL、1 mL、2 mL、3 mL 溶液至容量管中，然后分别稀释至 10 mL。

3. 样品测定

（1）将流动相比例设为甲醇：水 =60 ： 40，依次将咖啡因标准溶液进样 5 μL（利用六通阀进样器的定量管进行准确定量），以得到咖啡因在此色谱条件下的保留时间及各个浓度下咖啡因的峰面积。

（2）将未知浓度的可乐、奶茶溶液进样 5 μL，以获得此溶液中咖啡因的保留时间及峰面积。

4. 关机

用纯甲醇冲色谱柱约半小时，待基线平稳后，可在工作站关闭输液泵、柱温箱、监测器；关闭工作站；依次关闭仪器上监测器、柱温箱、输液泵的电源开关；关闭计算机。

五、数据处理

根据实验步骤 3 获得的各标准溶液的实验结果，绘制峰面积 – 浓度标准曲线；再依据实验步骤 4 测得的值，在曲线上查出未知咖啡因溶液的实际浓度。

六、思考题

（1）反相分配色谱的分离原理是什么？
（2）液相色谱的优缺点有哪些？

实验四　对羟基苯甲酸酯类混合物的反相高效液相色谱测定

一、实验目的

（1）学习高效液相色谱用保留值定性和用归一化法定量的技术。
（2）熟悉高效液相色谱分析操作。
（3）掌握用高效液相色谱法测定食品中防腐剂的含量。

二、实验原理

高效液相色谱仪是一种色谱分析仪器，主要用于有机化合物的分析，可以对已知 80% 左右的有机化合物进行分离和分析。特别适用于高沸点、大分子、强极性和热稳定性差的化合物及生物活性物质的分离和分析。液相色谱仪在医药、食品、农业、生命科学、化工和环保等领域都有广泛的应用。

液相色谱分析方法又称色层法或层析法，实质上是一种物理化学分析方法。它是利用不同物质在两相（固定相和流动相）中具有不同的分配系数和吸附能力及其他亲和作用性能的差异为分离依据的。当混合物中各组分随流动相移动时，其在两相中反复进行多次分配，从而使各组分得到分离。

流动相为液体的色谱分析叫作液相色谱分析。根据分离原理的差异，液相色谱通常分为液固吸附色谱、液液分配色谱、离子交换色谱、离子对色谱和凝胶色谱等类型。

对羟基苯甲酸酯类混合物中有对羟基苯甲酸甲酯、对羟基苯甲酸乙酯、对羟基苯甲酸丙酯和对羟基苯甲酸丁酯，它们都是强极性化合物，对其可采用反相液相色谱分析法，选用非极性的 C-18 烷基键合相做固定相，甲醇的水溶液做流动相。

在一定的色谱条件下，酯类各组分的保留值是恒定的，因而在同样的条件下，记录纯酯类各组分和未知样品的色谱图，将测得的未知样品的各组分保留时间与已知纯酯类各组分保留时间对照，便可确定未知样品中各组分存在与否。这种利用纯物质对照定性分析的方法适用于来源已知且组分简单的混合物。

本实验采用归一化法定量。归一化法适用条件及计算公式与气相色谱法相同：

$$C_i\,(\%) = (f_iA_i) / (\Sigma f_iA_i)$$

对羟基苯甲酸酯类混合物属同系物，具有相同的生色团和助色团，因而用紫外光度检测器测量时，它们的校正因子相同，故上式便可检测如下：

$$C_i\,(\%) = A_i / \Sigma A_i \times 100\%$$

三、仪器和试剂

1. 仪器

高效液相色谱仪 LC-20aT。

2. 试剂

对羟基苯甲酸甲酯，对羟基苯甲酸乙酯，对羟基苯甲酸丙酯，对羟基苯甲酸丁酯，甲醇，水（GB/T 6682 规定的一级水），乙酸铵（分析纯）。

四、实验条件

1. 色谱柱

（XDB-C18）颗粒度为 5 微米的固定相，长 150 mm 内径 4.6 mm。

2. 流动相

甲醇∶水 = 60∶40，流量 1 mL/min。

3. 检测器

紫外光度检测器，254 nm。

4. 进样量

10 μL。

五、实验步骤

1. 溶液的配制

（1）标准储备液：分别于 4 个 100 mL 容量瓶中，配制浓度为 1 000 μg/mL 的上述 4 种酯类化合物的甲醇溶液。分别称取 4 种酯类 0.100 0 g 于 50 mL 烧杯中溶解，然后定容到 100 mL 容量瓶中。

（2）标准工作液：分别取上述 4 种标准储备液于 4 个 10 mL 比色管中，配制浓度均为 10 μg/mL 的 4 种酯类化合物的甲醇溶液，摇匀备用。

取 5 mL 浓度为 1000 μg/mL 的上述 4 种酯类化合物的甲醇溶液稀释到 100 mL 容量瓶中得到浓度为 50 μg/mL 的 4 种酯类化合物的甲醇溶液；分别取 2 mL 浓度为 50 μg/mL 的上述 4 种酯类化合物的甲醇溶液于 10 mL 比色管中定容得到 10 μg/mL 的标准工作液。

（3）标准混合工作液：在一个 10 mL 的比色管中，分别取 2 mL 浓度为 50 μg/mL 的 4 种酯类化合物的甲醇溶液定容得到浓度均为 10 μg/mL 的酯类混合的甲醇溶液，混匀备用。

2. 实验操作

（1）将配制好的流动相甲醇水溶液置于超声波发生器上，脱气 5 min。

（2）根据实验条件，按照仪器说明书操作步骤将仪器调节至进样状态，待仪器液路和电路系统达到平衡、记录仪基线呈平直时，即可进样。

（3）依次分别吸取 10 μL 的 4 种标准工作液、标准混合工作液和未知试液进样，记录各色谱图，并各重复两次。

六、数据及处理

1. 记录

记录实验条件，保存实验资料。

2. 测量

（1）测量 4 种酯类化合物在对羟基苯甲酸酯类化合物色谱图的保留时间 t_R，并填于表 1 中。

表 1　对羟基苯甲酸酯类化合物色谱图的保留时间

组	t_R/min			
	1	2	3	4
对羟基苯甲酸甲酯				
对羟基苯甲酸乙酯				
对羟基苯甲酸丙酯				
对羟基苯甲酸丁酯				

（2）测量标准混合物色谱图上各色谱峰的保留时间 $t_R{'}$，然后与上表中 t_R 对比确定各色谱峰为何种化合物所产生，填于表 2 中。

表 2　标准混合物色谱图上各色谱峰的保留时间

色谱峰	$t_R{'}$ /min				相应化合物名称
	1	2	3	平均值	
峰 1					
峰 2					
峰 3					
峰 4					

（3）测量未知试样色谱图上各组分的峰高 h、半峰高 Y1/2，计算各组分峰面积 A 及其含量 Ci（%），并将数据列于表 3 中。

表 3 未知试样色谱图数据

组分	次数	h/mm	Y1/2/mm	A/mm²	平均 Ai/mm²	Ci /%
对羟基苯甲酸甲酯						
对羟基苯甲酸乙酯						
对羟基苯甲酸丙酯						
对羟基苯甲酸丁酯						

七、色谱柱使用的注意事项

（1）在通常的分析条件下，色谱柱可长时间使用，但如发生杂物吸附或由微粒引发堵塞时，则其性能会大大降低，为延长色谱柱寿命我们通常建议使用保护柱。

（2）若直接注入混浊的试样或含有微粒的试样，则可能引发流路或色谱柱堵塞，请用 0.2 ～ 0.5 μm 左右的圆盘过滤或离心沉淀来去除杂物。

（3）在流动相水溶液中有眼睛所看不到的很多离子及微生物，如果在此状态下直接使用，则会造成过滤器及色谱柱的堵塞以至压力上升或色谱柱劣化，无法进行良好的分析，我们建议将流动相水溶液用 0.22 μm 的膜滤器减压过滤后使用。

（4）压力不能太大，最好不要超过 30 Mpa，防止过高压力冲击色谱柱。

（5）液相色谱仪进样阀每次使用后，要将色谱柱进样阀中残留的样品和缓冲盐冲洗干净，防止无机盐沉积和样品微粒磨损阀转子；使用完毕后需要在记录本上记录使用情况。

（6）若色谱柱暂时不用，在卸下前必须洗去缓冲液，并用大于 10% 的有机溶剂充满整个色谱柱；卸下柱后，用柱堵头将色谱柱首尾密封。

八、思考题

（1）高效液相色谱用于哪些物质的测定？

（2）高效液相色谱的基本检测原理是什么？

（3）在高效液相色谱中，为什么可以利用保留值定性？这种定性方法可靠吗？

九、参考资料：高效液相色谱仪的使用

1. 基本原理

高效液相色谱是在气相色谱和经典色谱的基础上发展起来的。现代液相色谱和经典液相色谱没有本质的区别，不同点仅仅是现代液相色谱比经典液相色谱效率更高、具自动化操作。

2. 高效液相色谱仪的组成

高效液相色谱仪是实现液相色谱分析的设备。高效液相色谱仪主要由泵、检测器、自动进样器、柱温箱、系统控制系统和 LCsolution 工作站等组成。

（1）泵。串联双柱塞泵，柱塞容量主泵头 47 μL，副泵头 23 μL，最大排液压力 20 MPa，流量范围 0.001 ～ 10.000 mL/min。

（2）检测器。光源：D2 灯，W 灯，二极管元件（512 个）；波长范围：190 ～ 800 nm；波长准确度：1 nm 以下；缝隙宽：1.2 nm（高分辨率方式），8 nm（高灵敏席方式）；波长准确度：1 nm 以下。

（3）自动进样器。进样方式：全量进样，进样量可变式；试样处理数：1 mL 瓶 175 个，1.5 mL 瓶 105 个，4 mL 瓶 50 个；进样量范围：0.1 ～ 100 μL（标准）。

（4）柱温箱。空气强制循环式柱温箱。可由室温 +10 ℃至 85 ℃调温，可进行升降等温度程序。

（5）系统控制系统。具有数据中间转换功能的系统控制器。起到将 LC 工作站或网络客户计算机通过 Ethernet 与分析装置连接的接口作用。

（6）LC-solution 工作站。LC-solution 工作站全面支持从 Prominence 到 LC-VP 系列各个单元及 LC-8A/6AD 的控制直至数据采集、报告、数据管理。从装置的条件设定到关机，全面实现自动化，使分析工作更轻松、简便。

3. 仪器操作步骤

（1）开机步骤：①检查电源。②换洗针水（无标记管）、换流动相（A 管）。③

依次开进样器、色谱柱、泵、检测器。④开电脑，进样器排气、泵旋钮拧至水平，泵排气；泵排气结束后旋钮拧至垂直。⑤打开系统文件，调出方法文件。⑥检查方法文件参数（轴温、压力、时间、氘灯），轴温上限为 85 ℃；氘灯必须关闭；柱子跑平衡后点下载执行。⑦程序：开泵、柱温箱，记录参数（压力），柱压平衡后开氘灯。⑧准备实验样品：清洗针管，用纯水洗三次。配制溶液，用配制溶液清洗针管。取一针管已配溶液，套上滤膜，去除前五六滴，注入取样瓶内，盖上取样瓶盖。

（2）关机步骤：①关机前务必先关氘灯，冲柱子半小时，用良性溶剂（样品在其中易溶）至少 20 min。②再用甲醇与水配比为 9∶1 的溶液冲洗柱子 20 min。③用注射器冲洗液泵（一针筒纯水），目的是保护泵头柱塞。依次关闭电脑、检测器、泵、色谱柱、进样器。

实验五　用内标法测定奶茶中香兰素的含量

一、实验目的

（1）了解气相色谱法的基本原理及仪器结构。

（2）了解气相色谱基本仪器操作。

（3）掌握内标法的配样与计算方法。

二、实验原理

在分析测定样品中某组分的含量时，加入一种内标物质以校准和消除由于操作条件的波动而对分析结果产生的影响，以提高分析结果的准确度。在使用内标法时，在样品中加入一定量的标准物质（它既可被色谱柱所分离，又不受试样中其他组分峰的干扰），只要测定内标物和待测组分的峰面积与相对响应值，即可求出待测组分在样品中的百分含量。内标物应当是一个能得到纯样的已知化合物，和被分析的样品组分有基本相同或尽可能一致的物理化学性质（如化学结构、极性、挥发度及在溶剂中的溶解度等）、色谱行为和响应特征，最好是被分析物质的同系物。当然，内标物须能与样品中各组分充分分离且不发生反应。

$$X_i = \frac{m_s \cdot A_i \cdot f_{s:i}}{m \cdot A_s} \times 100\%$$

式中：

m——样品的质量（mg）；

m_s——待测样品中加入内标物的量（mg）；

A_s——待测样品中内标物的峰面积（mm^2）；

$f_{s:i}$——组分 i 与内标物的校正因子之比，称为相对校正因子。

香兰素（Vanillin），又名香草醛，分子式为 $C_8H_8O_3$，CAS 号为 121–33–5，分子量为 152.15，是一种广泛使用的可食用香料或医药中间体，本实验采取内标法测定奶茶中香兰素的含量。

三、仪器与试剂

（1）Agilent6890N 气相色谱仪，10 μL 进样针，移液枪。

（2）香兰素储备样（称取香兰素 0.502 2 g，以氯仿定容到 50 mL 容量瓶中）。

（3）2- 甲氧基苯酚储备样（称取 2- 甲氧基苯酚 0.498 7 g，以氯仿定容到 50 mL 容量瓶中）。

（4）香兰素未知样，氯仿。

四、实验步骤

1. 配置标准溶液

以移液枪量取 100 μL 、200 μL 、300 μL 、400 μL 香兰素储备液和 200 μL 、200 μL 、200 μL 、200 μL 2- 甲氧基苯酚储备液于 5mL 容量瓶中，用氯仿定容。

2. 配置未知溶液

以移液枪量取 200 μL 香兰素未知液和 200 μL 2- 甲氧基苯酚储备液于 5 mL 容量瓶中，用氯仿定容。

3. 设定气相色谱参数

进样口：气化温度为 250 ℃，分流比为 10 ∶ 1。

色谱柱：流速为 2.0 mL/min。

柱温箱：120 ℃（保持 1 min），以 10 ℃ /min 升到 200 ℃。

检测器：基座温度为 250 ℃，H_2 为 45 mL/min，Air 为 450 mL/min，N_2 为 40 mL/min。

保存。

4. 进样

用以上方法测定标样及未知样，记录实验数据（保留时间及峰面积）。

5. 做出内标标准曲线，以内标法计算未知样中香兰素的含量

进样应注意的问题：GC 中手动进样技术的熟练与否，直接影响到分析结果的好坏，正确的进样手法是取样后，一手持注射器（防止气化室的高气压将针芯吹出），另一只手保护针尖（防止插入隔垫时弯曲）。先小心地将注射器针头穿过隔垫，随即快速将注射器插到底，并将样品轻轻注入气化室（注意不要用力过猛使针芯弯曲），同时按 start 键，拔出注射器，注射样品所用时间及注射器在气化室中停留的时间越短越好。另外，在进多个不同样品时，每次进样前都要将进样针润洗干净，确保洗针溶剂不干扰样品的检测。

五、思考题

（1）你做出来的标准曲线相关系数是多少？你觉得操作过程中有哪些地方会带来误差？有哪些操作或参数还可以优化？

（2）比较归一化法、外标法和内标法各自的优缺点。

（3）你对本实验有什么意见或建议吗？

实验六　高效液相色谱仪测定婴幼儿食品和乳品中乳糖、蔗糖的含量

一、实验目的

（1）掌握高效液相色谱仪的使用方法。

（2）了解特殊食品的质量要求和食品添加剂的使用标准。

（3）明确专业职责，培养学生的社会责任感。

二、实验原理

利用高效液相色谱柱对试样中经提取的乳糖、蔗糖进行分离，用示差折光检测器或蒸发光散射检测器检测，用外标法进行定量。

三、试剂和材料

除非另有规定，本方法所用试剂均为分析纯，水为 GB/T 6682—2008 规定的一级水。

乙腈：色谱纯。

乳糖标准贮备液（20 mg/mL）：称取在 94 ℃ ±2 ℃烘箱中干燥 2 h 的乳糖标样 2 g（精确至 0.1 mg），溶于水中，用水稀释至 100 mL 容量瓶中。放置于 4 ℃的冰箱冷藏室中。

乳糖标准工作液：分别吸取乳糖标准贮备液 0 mL、1 mL、2 mL、3 mL、4 mL、5 mL 于 10 mL 容量瓶中，用乙腈定容至刻度。配成乳糖标准系列工作液，浓度分别为 0 mg/mL、2 mg/mL、4 mg/mL、6 mg/mL、8 mg/mL、10 mg/mL。

蔗糖标准溶液（10 mg/mL）：称取在 105 ℃ ±2 ℃烘箱中干燥 2 h 的蔗糖标样 1 g（精确到 0.1 mg），溶于水中，用水稀释至 100 mL 容量瓶中。放置于 4 ℃的冰箱冷藏室中。

蔗糖标准工作液：分别吸取蔗糖标准溶液 0 mL、1 mL、2 mL、3 mL、4 mL、5 mL 于 10 mL 容量瓶中，用乙腈定容至刻度。配成蔗糖标准系列工作液，浓度分别为 0 mg/mL、1 mg/mL、2 mg/mL、3 mg/mL、4 mg/mL、5 mg/mL。

四、仪器和设备

天平：感量为 0.1 mg。

高效液相色谱仪，带示差折光检测器或蒸发光散射检测器。

超声波振荡器。

五、实验步骤

1. 试样处理

称取固态试样 1 g 或液态试样 2.5 g（精确到 0.1 mg）于 50 mL 容量瓶中，加 15 mL 50 ℃~ 60 ℃水溶解，于超声波振荡器中振荡 10 min，用乙腈定容至刻度，静置数分钟，过滤。取 5.0 mL 过滤液于 10 mL 容量瓶中，用乙腈定容，通过 0.45 μm 滤膜过滤，滤液供色谱分析，也可根据具体试样进行稀释。

2. 样品测定

参考色谱条件：

色谱柱：氨基柱 4.6 mm×250 mm，5 μm，或具有同等性能的色谱柱。

流动相：乙腈：水 =70 ： 30。

流速：1 mL/min。

柱温：35 ℃。

进样量：10 μL。

示差折光检测器条件：温度 33 ℃～ 37 ℃。

蒸发光散射检测器条件：飘移管温度：85 ℃～ 90 ℃ ；

气流量：2.5 L/min。

撞击器：关。

3. 标准曲线的制作

将标准系列工作液分别注入高效液相色谱仪中，测定相应的峰面积或峰高，以峰面积或峰高为纵坐标，以标准工作液的浓度为横坐标绘制标准曲线。

4. 试样溶液的测定

将试样溶液注入高效液相色谱仪中，测定峰面积或峰高，从标准曲线中查得试样溶液中糖的浓度。

六、分析结果的表述

试样中糖的含量按下式计算：

$$X = \frac{c \times V \times 100 \times n}{m \times 1\,000}$$

式中：

X——试样中糖的含量，单位为克每百克（g/100 g）；

c——样液中糖的浓度，单位为毫克每毫升（mg/mL）；

V——试样定容体积，单位为毫升（mL）；

n——样液稀释倍数；

m——试样的质量，单位为克（g）。

以重复性条件下获得的两次独立测定结果的算术平均值表示，结果保留三位有效数字。在重复条件下获得的两次独立测定结果的绝对差值不得超过算术平均值的5%。

实验七 食品中二氧化钛的测定

一、实验原理

在强酸介质中，经酸消解后的试样中的钛与二安替比林甲烷形成黄色络合物，于紫外－分光光度计 420 nm 波长处测量其吸光度，并采用标准曲线法定量；加入抗坏血酸消除三价铁的干扰。

二、试剂和材料

除非另有说明，本方法所用试剂均为分析纯，水为 GB/T 6682—2008 规定的三级水。

1. 试剂

高氯酸（$HClO_4$）：优级纯；硫酸（H_2SO_4）：优级纯；硝酸（HNO_3）：优级纯；盐酸（HCl）：优级纯；硫酸铵[（NH_4）$_2SO_4$]；抗坏血酸（$C_6H_8O_6$）；二安替比林甲烷（$C_{23}H_{24}N_4O_2$）；二氧化钛（TiO_2）：基准试剂或光谱纯。

2. 溶液配制

混合酸[高氯酸+硝酸（1+9）]：量取 100 mL 高氯酸，缓慢加入 900 mL 硝酸中，混匀。

盐酸溶液（1+1）：量取 100 mL 盐酸，缓慢加入 100 mL 水中，混匀。

盐酸溶液（1+23）：量取 10 mL 盐酸，缓慢加入 230 mL 水中，混匀。

硫酸溶液（2+98）：量取 20 mL 硫酸，缓慢加入 980 mL 水中，混匀。

抗坏血酸溶液（2%）：称取 2 g 抗坏血酸，用水溶解并稀释至 100 mL（现配现用）。

二安替比林甲烷溶液（5%）：称取 5 g 二安替比林甲烷，用盐酸溶液（1+23）溶解并稀释至 100 mL。

钛标准储备液（1 000 μg/mL）：称取 0.167 g 二氧化钛，加 5 g 硫酸铵，加 10 mL 硫酸，加热溶解，冷却，移入 100 mL 容量瓶中，稀释至刻度，混匀。或使用经国家认证并授予标准物质证书的标准溶液。

钛标准使用液（10.0 μg/mL）：吸取 1.00 mL 钛标储备液于 100 mL 容量瓶中，用硫酸溶液（2+98）稀释至刻度。

三、仪器和设备

紫外－分光光度计、微波消解仪。

分析天平：感量为 1 mg。

四、实验步骤

1. 试样制备

（1）固体和半固体样品。取有代表性可食用部分，用组织捣碎机粉匀浆，混合均匀后装入洁净容器内密封并做好标识。

（2）液体样品。取有代表性的样品混合均匀后，装入洁净容器内密封并做好标识。

注：在保存过程中，制样和样品应防止受到污染和损失。

2. 试样处理

（1）普通湿法消解。称取试样约 5 g（精确至 0.001 g）于锥形瓶或高型烧杯中，放入数粒玻璃珠，加入 15 ～ 20 mL 混合酸，盖上表面皿，在电炉上缓慢消解至溶液澄清；在消解过程中若出现碳化后的黑色，应在盖着表面皿的情况下小心滴加硝酸，直至溶液澄清为止。继续加热至溶液剩余约 2 ～ 3 mL，冷却，加入 1 g 硫酸铵和 5 mL 硫酸，煮沸至澄清，继续煮至高氯酸白烟被赶尽，取下冷却，转移至 100 mL 容量瓶中，用水稀释至刻度，混匀，备用。

（2）微波消解。称取试样 0.2 ～ 0.5 g（精确到 0.000 1 g）于微波消解罐中，加 2.5 mL 硝酸和 2.5 mL 硫酸，设置合适的微波消解条件进行消解，待消解结束后，使消解罐自然冷却至室温，将消解液转移至 50 mL 容量瓶中，用少量水多次洗涤消解罐，并将洗液合并于容量瓶中，用水定容至刻度，混匀。消解液应为澄清溶液，如消解后有沉淀无法消解，则应重新用普通湿法消解处理。

温控式微波消解升温程序参考条件：用 20 ～ 25 min 将室温升到 190 ℃，保持 25 min。

3. 空白试验

除不加试样外，其他按上述方法进行空白试验。

4. 显色

移取适量定容后的溶液于 50 mL 容量瓶中，加入 5 mL 抗坏血酸溶液，摇匀，再依次加入 14 mL 盐酸溶液（1+1）和 6 mL 二安替比林甲烷溶液，用水稀释至刻度，摇匀，放置 40 min，待测。

注：溶液移取体积根据试样中钛元素的含量而定。

5. 标准系列工作液的配制

吸取 0.000 mL、0.500 mL、1.00 mL、2.50 mL、5.00 mL、10.0 mL 钛标准使用液，分别置于 50 mL 容量瓶，加入 5 mL 抗坏血酸溶液，摇匀，再依次加入 14 mL 盐酸溶液（1+1）、6 mL 二安替比林甲烷溶液，用水稀释至刻度，摇匀，放置 40 min，此标准系列工作液中钛的浓度依次为 0.000 μg/mL、0.100 μg/mL、0.200 μg/mL、0.500 μg/mL、1.00 μg/mL、2.00 μg/mL，待测。

6. 标准曲线的绘制

以显色后的标准空白溶液作为参比，用 1 cm 比色皿，于 420 nm 波长处，用紫外 – 分光光度计测定显色后的标准系列工作液的吸光度。以标准系列工作液的浓度为横坐标，相应的吸光度为纵坐标，绘制标准曲线。

7. 测定

在与测定标准溶液相同的实验条件下，测定显色后的试样溶液和空白溶液的吸光度。由标准曲线和空白溶液、试样溶液的吸光度求得试样溶液和空白溶液中钛的浓度。

五、分析结果的表述

试样中二氧化钛的含量按下式计算：

$$X = \frac{(c-c_0) \times V_1 \times 50 \times 1\,000}{m \times V_2 \times 1\,000} \times 1.668\,1$$

式中：

X——试样中二氧化钛的含量，单位为毫克每千克（mg/kg）；

c——由标准曲线得到的显色后试样溶液中钛的浓度，单位为微克每毫升（μg/mL）；

c_0——由标准曲线得到的显色后空白溶液中钛的浓度，单位为微克每毫升（μg/mL）；

V_1——试样消解后初次定容的体积，单位为毫升（mL）；

50——显色后试样溶液的定容体积，单位为毫升（mL）；

m——试样质量，单位为克（g）；

V_2——显色时移取试样溶液的体积，单位为毫升（mL）；

1.668 1——1 g 的钛相当于 1.668 1 g 二氧化钛。

计算结果保留两位有效数字。

注：在重复性条件下获得的两次独立测定结果的绝对差值不得超过算术平均值的10%。以称样量 0.5 g，定容至 50 mL 计算，方法检出限（LOD）为 1.5 mg/kg，定量限（LOQ）为 5.0 mg/kg。

实验八　食品中丙酸钠、丙酸钙的测定

一、实验原理

试样中的丙酸盐通过酸化转化为丙酸，经水蒸气蒸馏收集后直接进气相色谱，用氢火焰离子化检测器检测，以保留时间定性，用外标法测定其中丙酸的含量。样品中的丙酸钠和丙酸钙以丙酸计，需要时可根据相应参数分别计算丙酸钠和丙酸钙的含量。

二、试剂和材料

1. 试剂

磷酸（H_3PO_4）；甲酸（CH_2O_2）；硅油；丙酸标准品（$C_3H_6O_2$），CAS:79-09-4，纯度 ≥ 97.0%。

2. 试剂配制

磷酸溶液（10+90）：取 10 mL 磷酸加水至 100 mL。

甲酸溶液（2+98）：取 1 mL 甲酸加水至 50 mL。

丙酸标准贮备液（10 mg/mL）：精确称取 250.0 mg 丙酸标准品于 25 mL 容量瓶中，加水至刻度，在 4 ℃的冰箱冷藏室中保存，有效期为 6 个月。

丙酸标准使用液：将贮备液用水稀释成 10 ~ 250 μg/mL 的标准系列（临用现配）。

三、仪器和设备

气相色谱仪：带氢火焰离子化检测器。

天平：感量为 0.000 1 g 和感量为 0.01 g。

水蒸气蒸馏装置，鼓风干燥箱。

四、分析步骤

1. 样品制备

固体样品经组织捣碎机捣碎混匀后备用（面包样品需运用鼓风干燥箱，在 37 ℃下干燥 2 ～ 3 h 进行风干，置于组织捣碎机中磨碎）；液体样品摇匀后备用。

2. 试样处理

样品均质后，准确称取 25 g，置于 500 mL 蒸馏瓶中，加入 100 mL 水，再用 50 mL 水冲洗容器，转移到蒸馏瓶中，加 10 mL 磷酸溶液，2 ～ 3 滴硅油，进行水蒸气蒸馏，蒸馏速度为 2 ～ 3 滴 /s，将 250 mL 容量瓶置于冰浴中作为吸收液装置，待蒸馏近 250 mL 时取出，在室温下放置 30 min，加水至刻度。混匀，供气相色谱分析用。

3. 仪器参考条件

色谱柱：聚乙二醇（PEG）石英毛细管柱，柱长 30 m，内径 0.25 mm，膜厚 0.5 μm（或同等性能的色谱柱）。

载气：氮气，纯度 >99.99%。

载气流速：1 mL/min。

进样口温度：250 ℃。

分流比：10 : 1。

检测器温度：250 ℃。

柱温箱温度：125 ℃保持 5 min，然后以 15 ℃ /min 的速率升到 180℃，保持 3 min。

进样量：1 μL。

4. 标准曲线的制作

取标准系列中各种浓度的标准使用液 10 mL，加 0.5 mL 甲酸溶液，混匀。将其分别注入气相色谱仪中，测定相应的峰面积或峰高，以标准工作液的浓度为横坐标、响应值（峰面积或峰高）为纵坐标，绘制标准曲线。

5. 试样溶液的测定

吸取 10 mL 制备的试样溶液于试管中，加入 0.5 mL 甲酸溶液，混匀，同标准系列同样进机测试。根据标准曲线计算样品中的丙酸浓度。

五、分析结果的表述

样品中丙酸钠（钙）含量（以丙酸计），按下式计算：

$$X = \frac{c}{m} \times \frac{V}{1\,000}$$

式中：

X——样品中丙酸钠（钙）含量（以丙酸计），单位为克每千克（g/kg）；

c——由标准曲线得出的样液中丙酸的浓度，单位为微克每毫升（μg/mL）；

m——样品质量，单位为克（g）；

V——样液最终定容体积，单位为毫升（mL）；

1 000——μg/g 换算至 g/kg 的系数。

试样中测得的丙酸含量乘换算系数 2 967，即得丙酸钠的含量；试样中测得的丙酸含量乘换算系数 2 569，即得丙酸钙含量。

以重复性条件下获得的两次独立测定结果的算术平均值表示，结果保留三位有效数字。在重复性条件下获得的两次独立测定结果的绝对差值不得超过算术平均值的 10%。取样 25 g，定容体积为 250 mL 时，丙酸的检出限为 0.03 g/kg，定量限为 0.10 g/kg。丙酸标准物质的气相色谱，如图 1 所示。

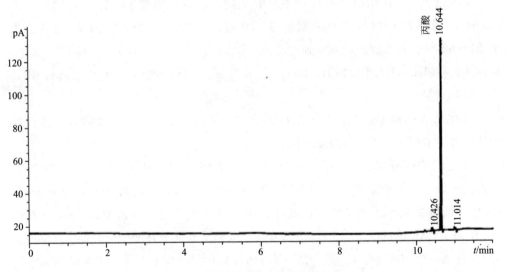

图 1　丙酸标准物质的气相色谱图

实验九　食品中维生素 A、维生素 E 的测定

一、实验原理

试样中的维生素 A、维生素 E 经皂化（含淀粉先用淀粉酶酶解）、提取、净化、浓缩后，用 C30 或 PFP 反相液相色谱柱分离，紫外检测器或荧光检测器检测，外标法定量。

二、试剂和材料

除非另有说明，本方法所用试剂均为分析纯，水为 GB/T 6682—2008 规定的一级水。

1. 试剂

无水乙醇（C_2H_5OH）：经检查不含醛类物质；抗坏血酸（$C_6H_8O_6$）；氢氧化钾（KOH）；乙醚 [（CH_3CH_2）$_2O$]：经检查不含过氧化物；石油醚（$C_5H_{12}O_2$）：沸程为 30 ℃～ 60 ℃；无水硫酸钠（Na_2SO_4）；pH 试纸（pH 范围 1 ～ 14）；甲醇（CH_3OH）：色谱纯；淀粉酶：活力单位 ≥ 100 U/mg；2，6- 二叔丁基对甲酚（$C_{15}H_{24}O$）：简称 BHT。

2. 标准品

维生素 A 标准品：视黄醇（$C_{20}H_{30}O$，CAS 号 :68-26-8）：纯度 ≥ 95%，或经国家认证并授予标准物质证书的标准物质。

维生素 E 标准品：α - 生育酚（$C_{29}H_{50}O_2$，CAS 号 :10191-41-0）：纯度 ≥ 95%，或经国家认证并授予标准物质证书的标准物质；β - 生育酚（$C_{28}H_{48}O_2$，CAS 号 :148-03-8）：纯度 ≥ 95%，或经国家认证并授予标准物质证书的标准物质；γ - 生育酚（$C_{28}H_{48}O_2$，CAS 号 :54-28-4）：纯度 ≥ 95%，或经国家认证并授予标准物质证书的标准物质；δ - 生育酚（$C_{27}H_{46}O_2$，CAS 号 :119-13-1）：纯度 ≥ 95%，或经国家认证并授予标准物质证书的标准物质。

3. 试剂配制

氢氧化钾溶液（50 g/100 g）：称取 50 g 氢氧化钾，加入 50 mL 水溶解，冷却后，储存于聚乙烯瓶中。

石油醚 - 乙醚溶液（1+1）：量取 200 mL 石油醚，加入 200 mL 乙醚，混匀。

维生素 A 标准储备溶液（0.500 mg/mL）：准确称取 25.0 mg 维生素 A 标准品，用无水乙醇溶解后，移入 50 mL 容量瓶中，定容至刻度，此溶液浓度约为 0.500 mg/mL。将溶液转移至棕色试剂瓶中，密封后在 −20 ℃下避光保存，有效期 1 个月。临用前将溶液回温至 20 ℃，并进行浓度校正。

维生素 E 标准储备溶液（1.00 mg/mL）：分别准确称取 α−生育酚、β−生育酚、γ−生育酚和 δ−生育酚各 50.0 mg，用无水乙醇溶解后，移入 50 mL 容量瓶中，定容至刻度，此溶液浓度约为 1.00 mg/mL。将溶液转移至棕色试剂瓶中，密封后在 −20 ℃下避光保存，有效期 6 个月。临用前将溶液回温至 20 ℃，并进行浓度校正。

维生素 A 和维生素 E 混合标准溶液中间液：准确吸取维生素 A 标准储备溶液 1.00 mL 和维生素 E 标准储备溶液 5.00 mL 置于同一 50 mL 容量瓶中，用甲醇定容至刻度，此溶液中维生素 A 浓度为 10.0 μg/mL，维生素 E 各生育酚浓度为 100 μg/mL。在 −20 ℃下避光保存，有效期半个月。

维生素 A 和维生素 E 标准系列工作溶液：分别准确吸取维生素 A 和维生素 E 混合标准溶液中间液 0.20 mL、0.50 mL、1.00 mL、2.00 mL、4.00 mL、6.00 mL 置于 10 mL 棕色容量瓶中，用甲醇定容至刻度，该标准系列中维生素 A 浓度为 0.20 μg/mL、0.50 μg/mL、1.00 μg/mL、2.00 μg/mL、4.00 μg/mL、6.00 μg/mL，维生素 E 浓度为 2.00 μg/mL、5.00 μg/mL、10.0 μg/mL、20.0 μg/mL、40.0 μg/mL、60.0 μg/mL。临用前配制。

三、仪器和设备

分析天平：感量为 0.01 mg。

恒温水浴振荡器；旋转蒸发仪；氮吹仪；紫外−分光光度计；分液漏斗萃取净化振荡器。

高效液相色谱仪：带紫外检测器或二极管阵列检测器或荧光检测器。

四、分析步骤

1. 试样制备

将一定数量的样品按要求经过缩分、粉碎均质后，储存于样品瓶中，避光冷藏，尽快测定。

2. 试样处理

警示：使用的所有器皿不得含有氧化性物质；分液漏斗活塞玻璃表面不得涂油；

处理过程应避免紫外光照，尽可能避光操作；提取过程应在通风柜中进行。

（1）皂化。不含淀粉样品：称取 2～5 g（精确至 0.01 g）经均质处理的固体试样或 50 g（精确至 0.01 g）液体试样于 150 mL 平底烧瓶中，固体试样需加入约 20 mL 温水，混匀，再加入 1.0 g 抗坏血酸和 0.1 g BHT，混匀，加入 30 mL 无水乙醇，加入 10～20 mL 氢氧化钾溶液，边加边振摇，混匀后于 80 ℃恒温水浴震荡皂化 30 min，皂化后立即用冷水冷却至室温。

注：皂化时间一般为 30 min，如皂化液冷却后，液面有浮油，需要加入适量氢氧化钾溶液，并适当延长皂化时间。

含淀粉样品：称取 2～5 g（精确至 0.01 g）经均质处理的固体试样或 50 g（精确至 0.01 g）液体样品于 150 mL 平底烧瓶中，固体试样需用约 20 mL 温水混匀，加入 0.5～1 g 淀粉酶，放入 60 ℃水浴避光恒温振荡 30 min 后，取出，向酶解液中加入 1.0 g 抗坏血酸和 0.1 g BHT，混匀，加入 30 mL 无水乙醇、10～20 mL 氢氧化钾溶液，边加边振摇，混匀后于 80 ℃恒温水浴振荡皂化 30 min，皂化后立即用冷水冷却至室温。

（2）提取。将皂化液用 30 mL 水转入 250 mL 的分液漏斗中，加入 50 mL 石油醚 – 乙醚混合液，振荡萃取 5 min，将下层溶液转移至另一 250 mL 的分液漏斗中，加入 50 mL 的混合醚液再次萃取，合并醚层。

注：如只测维生素 A 与 α – 生育酚，可用石油醚作提取剂。

（3）洗涤。用约 100 mL 水洗涤醚层，约需重复 3 次，直至将醚层洗至中性（可用 pH 试纸检测下层溶液 pH 值），去除下层水相。

（4）浓缩。将洗涤后的醚层经无水硫酸钠（约 3 g）滤入 250 mL 旋转蒸发瓶或氮气浓缩管中，用约 15 mL 石油醚冲洗分液漏斗及无水硫酸钠 2 次，放入蒸发瓶内，并将其接在旋转蒸发仪或气体浓缩仪上，于 40 ℃水浴中减压蒸馏或气流浓缩，待瓶中醚液剩下约 2 mL 时，取下蒸发瓶，立即用氮气吹至近干。用甲醇分次将蒸发瓶中残留物溶解并转移至 10 mL 容量瓶中，定容至刻度。溶液过 0.22 μm 有机系滤膜后供高效液相色谱测定。

3. 色谱参考条件

色谱柱：C30 柱（柱长 250 mm，内径 4.6 mm，粒径 3 μm），或相当者。

柱温：20 ℃。

流动相：A 为水。B 为甲醇，洗脱梯度见表 1。

流速：0.8 mL/min。

紫外检测波长：维生素 A 为 325 nm；维生素 E 为 294 nm。

进样量：10 μL。

标准色谱图和样品色谱图。

注：①如难以将柱温控制在 20 ℃ ±2 ℃，可改用 PFP 柱分离异构体，流动相为水和甲醇梯度洗脱；②如样品中只含 α - 生育酚，不需分离 β - 生育酚和 γ - 生育酚，则可选用 C18 柱，流动相为甲醇；③如有荧光检测器，可选用荧光检测器检测，对生育酚的检测有更高的灵敏度和选择性，可按以下检测波长检测：维生素 A 激发波长 328 nm，发射波长 440 nm；维生素 E 激发波长 294 nm，发射波长 328 nm。

表1　C30 色谱柱 - 反相高效液相色谱法洗脱梯度参考条件

时间 /min	流动相 A/%	流动相 B/%	流速 / (mL · min⁻¹)
0	4	96	0.8
13	4	96	0.8
20	0	100	0.8
24	0	100	0.8
24.5	4	96	0.8
30	4	96	0.8

4. 标准曲线的制作

本法采用外标法定量。将维生素 A 和维生素 E 标准系列工作溶液分别注入高效液相色谱仪中，测定相应的峰面积，以峰面积为纵坐标，以标准测定液浓度为横坐标绘制标准曲线，计算直线回归方程。

5. 样品测定

试样液经高效液相色谱仪分析，测得峰面积，采用外标法通过上述标准曲线计算其浓度。在测定过程中，建议每测定 10 个样品用同一份标准溶液或标准物质检查仪器的稳定性。

五、分析结果的表述

试样中维生素 A 或维生素 E 的含量按下式计算：

$$X = \frac{\rho \times V \times f \times 1\,000}{100}$$

式中：

X——试样中维生素 A 或维生素 E 的含量，维生素 A 单位为微克每百克（$\mu g/100\,g$），维生素 E 单位为毫克每百克（$mg/100\,g$）；

ρ——根据标准曲线计算得到的试样中维生素 A 或维生素 E 的浓度，单位为微克每毫升（$\mu g/mL$）；

V——定容体积，单位为毫升（mL）；

f——换算因子（维生素 A:f=1；维生素 E:f=0.001）；

100——试样中量以每 100 克计算的换算系数；

m——试样的称样量，单位为克（g）。

计算结果保留三位有效数字。

注：如维生素 E 的测定结果要用 α－生育酚当量（α-TE）表示，可按下式计算：维生素 E（mg α-TE/100 g）＝α－生育酚（mg/100 g）+β－生育酚（mg/100 g）×0.5+γ－生育酚（mg/100 g）×0.1+δ－生育酚（mg/100 g）×0.01。

在重复性条件下获得的两次独立测定结果的绝对差值不得超过算术平均值的 10%。当取样量为 5 g，定容 10 mL 时，维生素 A 的紫外检出限为 10 μg/100 g，定量限为 30 μg/100 g；生育酚的紫外检出限为 40 μg/100 g，定量限为 120 μg/100 g。

六、参考资料：无水乙醇中醛类物质和乙醚中过氧化物的检查方法

1. 无水乙醇中醛类物质检查方法

（1）试剂：硝酸银、氢氧化钠、氨水。

（2）试剂配制。

5% 硝酸银溶液：称取 5.00 g 硝酸银，加入 100 mL 水溶解，储存于棕色试剂瓶中。

10% 氢氧化钠溶液：称取 10.00 g 氢氧化钠，加入 100 mL 水溶解，储存于聚乙烯瓶中。

银氨溶液：加氨水至 5% 硝酸银中，直至生成的沉淀重新溶解，加入数滴 10% 氢氧化钠溶液，如发生沉淀，再加入氨水至沉淀溶解。

（3）操作方法：取2 mL银氨溶液于试管中，加入少量乙醇，摇匀，再加入氢氧化钠溶液，加热，放置冷却后若有银镜反应，则表示乙醇中有醛。

（4）结果处理：换用色谱纯的无水乙醇或对现有乙醇进行脱醛处理，取2 g硝酸银溶于少量水中，取4 g氢氧化钠溶于温乙醇中，将两者倾入1 L乙醇中，振摇后放置暗处2 d，期间不时振摇，经过滤，置蒸馏瓶中蒸馏，弃去150 mL初馏液。

2. 乙醚中过氧化物检查方法

（1）试剂：碘化钾、淀粉。

（2）试剂配制。

10%碘化钾溶液：称取10.00 g碘化钾，加入100 mL水溶解，储存于棕色试剂瓶中。

0.5%淀粉溶液：称取0.50 g可溶性淀粉，加入100 mL水溶解，储存于试剂瓶中。

（3）操作方法：用5 mL乙醚加1 mL10%碘化钾溶液，振摇1 min，如水层呈黄色或加4滴0.5%淀粉溶液，水层呈蓝色，表明含过氧化物。

（4）结果处理：换用色谱纯的无水乙醚或对现有试剂进行重蒸，重蒸乙醚时需在蒸馏瓶中放入纯铁丝或纯铁粉，弃去10%初馏液和10%残留液。

维生素A、维生素D、维生素E标准溶液配制后，在使用前需要对其浓度进行校正，具体操作如下：

第一步：取视黄醇标准储备溶液50 μL于10 mL的棕色容量瓶中，用无水乙醇定容至刻度，混匀，用1 cm石英比色杯，以无水乙醇为空白参比，按下表测定的波长测定其吸光度。

第二步：分别取维生素D_2、维生素D_3标准储备溶液100 μL于各10 mL的棕色容量瓶中，用无水乙醇定容至刻度，混匀，分别用1 cm石英比色杯，以无水乙醇为空白参比，按表2测定的波长测定其吸光度。

第三步：分别取α-生育酚、β-生育酚、γ-生育酚和δ-生育酚标准储备溶液500 μL于各10 mL棕色容量瓶中，用无水乙醇定容至刻度，混匀，分别用1 cm石英比色杯，以无水乙醇为空白参比，按表2的测定波长测定其吸光度。试液中维生素A或维生素E或维生素D的浓度按下式计算：

$$X = \frac{A \times 10^4}{E}$$

式中：

X——维生素标准稀释液浓度，单位为微克每毫升（μg/mL）；

A——维生素稀释液的平均紫外吸光值；

10^4——换算系数；

E——维生素 1% 比色光系数（各维生素相应的比色吸光系数，见表 2）。

表 2　各维生素相应的比色吸光系数

目标物	波长 /nm	E（1% 比色光系数）
α – 生育酚	292	76
β – 生育酚	296	89
γ – 生育酚	298	91
δ – 生育酚	298	87
视黄醇	325	1 835
维生素 D_2	264	485
维生素 D_3	264	462

维生素 A 标准溶液 C30 柱反相色谱图（2.5 μg/mL），如图 1 所示。维生素 E 标准溶液 C30 柱反相色谱图，如图 2 所示。

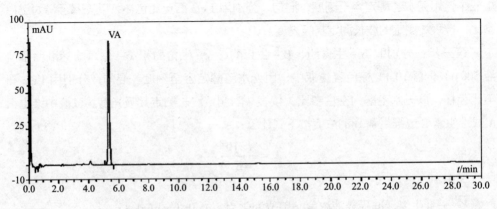

图 1　维生素 A 标准溶液 C30 柱反相色谱图（2.5 μg/mL）

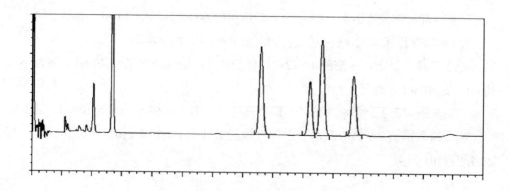

图2 维生素 E 标准溶液 C30 柱反相色谱图

实验十 食品中合成着色剂的测定

一、实验原理

食品中人工合成着色剂用聚酰胺吸附法或液 – 液分配法提取，制成水溶液，注入高效液相色谱仪，经反相色谱分离，根据保留时间定性和与峰面积比较进行定量。

二、试剂和材料

除非另有说明，本方法所用试剂均为分析纯，水为 GB/T 6682—2008 规定的一级水。

1. 试剂

甲醇：色谱纯。

正己烷、盐酸、冰醋酸、甲酸、乙酸铵、柠檬酸、硫酸钠、正丁醇、三正辛胺、无水乙醇、氨水：含量 20% ～ 25%。

聚酰胺粉（尼龙 6）：过 200μm（目）筛。

2. 试剂配制

乙酸铵溶液（0.02 mol/L）：称取 1.54 g 乙酸铵，加水至 1000 mL，经 0.45μm 微孔滤膜过滤。

氨水溶液：量取氨水 2 mL，加水至 100 mL，混匀。

甲醇 – 甲酸溶液（6+4，体积比）：量取甲醇 60 mL、甲酸 40 mL，混匀。

柠檬酸溶液：称取 20 g 柠檬酸，加水至 100 mL，溶解混匀。

无水乙醇 – 氨水 – 水溶液（7+2+1，体积比）：量取无水乙醇 70 mL、氨水溶液 20 mL、水 10 mL，混匀。

三正辛胺 – 正丁醇溶液（5%）：量取三正辛胺 5mL，加正丁醇至 100mL，混匀。

饱和硫酸钠溶液：pH6 的水，水加柠檬酸溶液调 pH 到 6；pH4 的水，水加柠檬酸溶液调 pH 到 4。

3. 标准品

柠檬黄（CAS:1934–21–0）；新红（CAS:220658–76–4）；苋菜红（CAS:915–67–3）；胭脂红（CAS:2611–82–7）；日落黄（CAS:2783–94–0）；亮蓝（CAS:3844–45–9）；赤藓红（CAS:16423–68–0）。

4. 标准溶液配制

合成着色剂标准贮备液（1 mg/mL）：准确称取按其纯度折算为 100% 质量的柠檬黄、日落黄、苋菜红、胭脂红、新红、赤藓红、亮蓝各 0.1 g（精确至 0.000 1 g），置 100 mL 容量瓶中，加 pH=6 的水到刻度，配成水溶液（1.00 mg/mL）。

合成着色剂标准使用液（50μg/mL）：临用时将标准贮备液加水稀释 20 倍，经 0.45μm 微孔滤膜过滤。配成每毫升相当 50.0μg 的合成着色剂。

三、仪器和设备

高效液相色谱仪，带二极管阵列或紫外检测器；恒温水浴锅；G3 垂融漏斗；天平：感量为 0.001 g 和 0.0001 g。

四、实验步骤

1. 试样制备

（1）果汁饮料及果汁、果味碳酸饮料等：称取 20 ～ 40 g（精确至 0.001 g）样品，放入 100 mL 烧杯中。含二氧化碳样品加热或超声驱除二氧化碳。

（2）配制酒类：称取 20 ～ 40 g（精确至 0.001 g）样品，放入 100 mL 烧杯中，加小碎瓷片数片，加热驱除乙醇。

（3）硬糖、蜜饯类、淀粉软糖等：称取 5 ～ 10 g（精确至 0.001 g）粉碎样品，放入 100 mL 小烧杯中，加水 30 mL，温热溶解，若样品溶液 pH 较高，用柠檬酸溶液调 pH 到 6 左右。

（4）巧克力豆及着色糖衣制品：称取 5 ～ 10 g（精确至 0.001 g）样品，放入 100 mL 小烧杯中，用水反复洗涤色素，到巧克力豆无色素为止，合并色素漂洗液为样品溶液。

2. 色素提取

（1）聚酰胺吸附法：样品溶液加柠檬酸溶液调 pH 到 6，加热至 60 ℃，将 1 g 聚酰胺粉加少许水调成粥状，倒入样品溶液中，搅拌片刻，以 G3 垂融漏斗抽滤，用 60 ℃ pH 为 4 的水洗涤 3 ～ 5 次，然后用甲醇 – 甲酸混合溶液洗涤 3 ～ 5 次，再用水洗至中性，用乙醇 – 氨水 – 水混合溶液解吸 3 ～ 5 次，直至色素完全解吸，收集解吸液，加乙酸中和，蒸发至近干，加水溶解，定容至 5 mL。经 0.45 μm 微孔滤膜过滤，进高效液相色谱仪分析。

（2）液 – 液分配法（适用于含赤藓红的样品）：将制备好的样品溶液放入分液漏斗中，加 2 mL 盐酸、三正辛胺 – 正丁醇溶液（5%）10 ～ 20 mL，振摇提取，分取有机相，重复提取，直至有机相无色，合并有机相，用饱和硫酸钠溶液洗 2 次，每次 10 mL，分取有机相，放蒸发皿中，水浴加热浓缩至 10 mL，转移至分液漏斗中，加 10 mL 正己烷，混匀，加氨水溶液提取 2 ～ 3 次，每次 5 mL，合并氨水溶液层（含水溶性酸性色素），用正己烷洗 2 次，氨水层加乙酸调成中性，水浴加热蒸发至近干，加水定容至 5 mL。经 0.45 μm 微孔滤膜过滤，进高效液相色谱仪分析。

3. 仪器参考条件

色谱柱：C18 柱，4.6 mm × 250 mm，5 μm。

进样量：10 μL。

柱温：35 ℃。

二极管阵列检测器波长范围为 400 ～ 800 nm，紫外检测器检测波长为 254 nm。

梯度洗脱表，见表 1。

表 1　梯度洗脱表

时间 /min	流速 /ml · min⁻¹	0.02 mol/L 乙酸铵溶液	甲醇
0	1.0	95%	5%
3	1.0	65%	35%
7	1.0	0	100%
10	1.0	0	100%

时间 /min	流速 /ml·min⁻¹	0.02 mol/L 乙酸铵溶液	甲醇
10.1	1.0	95%	5%
21	1.0	95%	5%

4. 测定

将样品提取液和合成着色剂标准使用液分别注入高效液相色谱仪，根据保留时间定性，外标峰面积法定量。

五、分析结果的表述

试样中着色剂含量按下式计算：

$$X = \frac{c \times V \times 1\,000}{m \times 1\,000 \times 1\,000}$$

式中：

x——试样中着色剂的含量，单位为克每千克（g/kg）；

c——进样液中着色剂的浓度，单位为微克每毫升（μg/mL）；

v——试样稀释总体积，单位为毫升（mL）；

m——试样质量，单位为克（g）；

1 000—换算系数。

计算结果以重复性条件下获得的两次独立测定结果的算术平均值表示，结果保留两位有效数字。

注：

精密度：在重复性条件下获得的两次独立测定结果的绝对差值不得超过算术平均值的 10%。

方法检出限：柠檬黄、新红、苋菜红、胭脂红、日落黄均为 0.5 mg/kg，亮蓝、赤藓红均为 0.2 mg/kg。

（检测波长 254 nm 时亮蓝检出限为 1.0 mg/kg，赤藓红检出限为 0.5 mg/kg）。

六、参考资料：着色剂标准色谱图

1. 着色剂标准色谱图（λ:400 ~ 800 nm 最大值图）（图1）

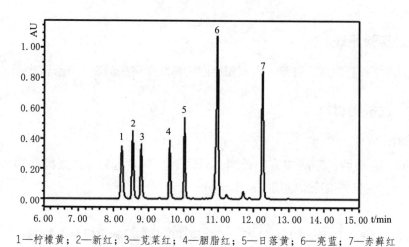

1—柠檬黄；2—新红；3—苋菜红；4—胭脂红；5—日落黄；6—亮蓝；7—赤藓红

图1 着色剂标准色谱（λ：400 ~ 800 nm 最大值图）

2. 着色剂标准色谱图（λ:254 nm）（图2）

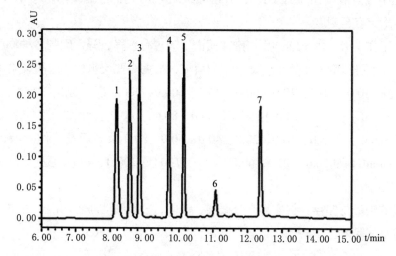

1—柠檬黄；2—新红；3—苋菜红；4—胭脂红；5—日落黄；6—亮蓝；7—赤藓红

图2 着色剂标准色谱图（λ：254 nm）

实验十一　白酒中甜蜜素、糖精钠、安赛蜜和三氯蔗糖的测定

一、实验原理

白酒用水稀释定容后过膜，供液相色谱 – 串联质谱法测定，外标法定量。

二、试剂和材料

1. 试剂

甲醇：色谱纯；乙酸铵：色谱纯；甜蜜素、糖精钠、安赛蜜标准物质（纯度 ≥ 99.0%）；三氯蔗糖标准物质（纯度 ≥ 98.5%）。

2. 试剂配制

乙酸铵溶液（10 mmol/L）：0.77 g 乙酸铵加水超声溶解定容至 1 000 mL。

标准储备溶液（1.0 mg/mL）：准确称取每种标准物质 10.0 mg 分别放入 10 mL 容量瓶中，用水溶解并定容至刻度，混匀。

标准中间溶液（10.0 μg/mL）：分别吸取 1.0 mL 各标准储备溶液于 100 mL 容量瓶中，用水定容至刻度。

标准工作溶液：由于四种甜味剂在质谱上响应有差异，分别配制各种物质的标准工作溶液。准确移取一定体积的标准中间溶液，根据需要用水稀释成甜蜜素（ng/mL）浓度为 5.0、10.0、20.0、40.0、60.0、80.0、100.0、200.0 系列标准工作溶液；糖精钠浓度（ng/mL）为 10.0、20.0、40.0、60.0、80.0、100.0 系列标准工作溶液；安赛蜜浓度（ng/mL）为 5.0、10.0、20.0、40.0、60.0、80.0 系列标准工作溶液；三氯蔗糖浓度（ng/mL）为 20.0、40.0、60.0、80.0、100.0、200.0、400.0 系列标准工作溶液（用前配制）。

试样的制备与保存：将样品充分振摇，混匀，分装置洁净容器内作为试样，标明标记；常温下保存。

三、仪器和设备

液相色谱 – 串联质谱仪，配有电喷雾离子源（ESI）；分析天平：感量 0.1 mg 和 0.01 g；超声波提取器。

四、实验步骤

1. 提取

称取样品 5 g（精确至 0.01 g）置于 50 mL 容量瓶中，用水混匀后定容至刻度，过 0.22 μm 滤膜，供液相色谱 – 串联质谱仪测定。

2. 测定

（1）液相色谱条件。

色谱柱：C18 柱，4.6 mm（内径）×150 mm，粒径 5 μm，或同等效能色谱柱。

进样量：10 μL。

流速：800 μL/min。

柱温：30 ℃。

流动相：A 为 10 mmol/L 乙酸铵溶液，B 为甲醇。梯度洗脱条件，见表 1。

表 1　梯度洗脱条件

时间 /min	流速 /（μL/min⁻¹）	流动相 A	流动相 B
0	800	90%	10%
1.0	800	90%	10%
1.2	800	10%	90%
4.5	800	10%	90%
5.0	800	90%	10%
10	800	90%	10%

（2）质谱条件。

离子源：电喷雾离子源。

扫描方式：负离子扫描。

检测方式：多反应监测。

电喷雾电压（IS）：-4 500 V。

雾化器压力（GS1）：55 Psi。

气帘气压力（CUR）：25 Psi。

辅助气压力（GS2）：55 Psi。

离子源温度（TEM）：600 ℃。

四种甜味剂定性离子对、定量离子对、碰撞能量（CE）和去簇电压（DP），见表2。

表2　四种甜味剂定性离子对、定量离子对、碰撞能量和去簇电压

被测物质	定性离子对 /(m·z⁻¹)	定量离子对 /(m·z⁻¹)	碰撞能量 /V	去簇能量 /V
甜蜜素	178.1/80.1	178.1/80.1	−65	−36
糖精钠	181.9/160.0 181.9/42.1	181.9/106.0	−41 −41	−27 −46
安赛蜜	161.8/81.9 161.8/78.0	161.8/81.9	−43 −43	−20 −43
三氯蔗糖	395.0/359.0 397.0/361.0	395.0/359.0	−81 −81	−14 −14

（3）液相色谱–串联质谱测定。在仪器最佳工作条件下，用甜蜜素、糖精钠、安赛蜜和三氯蔗糖混合标准工作溶液分别进样，以峰面积为纵坐标、混合标准工作溶液浓度为横坐标，绘制标准曲线，用标准工作曲线对样品进行定量，应使样品溶液中四种甜味剂的响应值在仪器测定的线性范围内。若样品待测溶液中均出现所选择的两个离子对时，同时与标准品的相对丰度允许偏差不超过表3的范围，则可判断样品中存在被测物。甜蜜素、糖精钠、安赛蜜和三氯蔗糖标准物质的提取离子质谱图，如图1所示。在上述色谱条件和质谱条件下，甜蜜素、糖精钠、安赛蜜和三氯蔗糖的参考保留时间，见表4。

表3　液相色谱–质谱/质谱定性时相对离子丰度最大允许误差

相对丰度	相对离子丰度最大允许误差
> 50%	± 20%
20<... ≤ 50%	± 25%
10<... ≤ 20%	± 30%
≤ 10%	± 50%

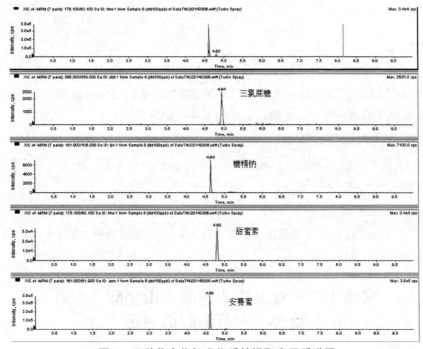

图1 四种化合物标准物质的提取离子质谱图

注：回收率，甜蜜素、糖精钠和安赛蜜添加浓度范围为 0.1 ~ 0.8mg/kg，三氯蔗糖添加浓度范围为 0.4 ~ 2.0mg/kg，回收率为 81.1% ~ 115.8%。

表4 甜蜜素、糖精钠、安赛蜜和三氯蔗糖的参考保留时间

被测物名称	保留时间 /min
甜蜜素	4.81
糖精钠	4.64
安赛蜜	4.60
三氯蔗糖	4.94

3. 空白试验

除不称取试样外，均按上述步骤操作，同时完成空白试验。

五、结果计算

结果按下式计算：

$$X = \frac{c \times V}{m \times 1\,000}$$

式中：

X——试样中被测组分残留量，单位为毫克每千克（mg/kg）；

c——从标准工作曲线得到的被测组分溶液浓度，单位为纳克每毫升（ng/mL）；

V——样品溶液最终定容体积，单位为毫升（mL）；

m——样品溶液所代表最终试样的质量，单位为克（g）。

注：当试样中组分含量≥1 mg/kg 时，保留三位有效数字；当试样中组分含量<1 mg/kg 时，保留两位有效数字。

检出限：以信噪比不小于 3（S/N≥3）确定甜蜜素检出限为 0.02 mg/kg；糖精钠检出限为 0.05 mg/kg；安赛蜜检出限为 0.02 mg/kg；三氯蔗糖检出限为 0.2 mg/kg。

实验十二 食品中木糖醇、山梨醇、麦芽糖醇、赤藓糖醇的测定

一、实验目的

了解食品中几种糖醇类物质的测定发放。

二、实验原理

试样经沉淀蛋白质后过滤，上清液进高效液相色谱仪，经氨基色谱柱或阳离子交换色谱柱分离，示差折光检测器检测，采用外标法定量。

三、试剂和材料

1. 试剂

乙腈（CH_3CN）：色谱纯；三氯乙酸（CCl_3COOH）；无水碳酸钠（Na_2CO_3）。

2. 试剂配制

三氯乙酸溶液（100 g/L）：称取 10 g 三氯乙酸，加水溶解并定容至 100 mL。

碳酸钠溶液（21.2 g/L）：称取 2.12 g 碳酸钠，加水溶解并定容至 100 mL（现用现配）。

3. 标准品

（1）木糖醇（$C_5H_{12}O_5$，CAS 号 :87-99-0），纯度 ≥ 99%，或经国家认证并授予标准物质证书的标准物质。

（2）山梨醇（$C_6H_{14}O_6$，CAS 号 :50-70-4），纯度 ≥ 99%，或经国家认证并授予标准物质证书的标准物质。

（3）麦芽糖醇（$C_{12}H_{24}O_{11}$，CAS 号 :585-88-6），纯度 ≥ 99%，或经国家认证并授予标准物质证书的标准物质。

（4）赤藓糖醇（$C_4H_{10}O_4$，CAS 号 :149-32-6），纯度 ≥ 99%，或经国家认证并授予标准物质证书的标准物质。

4. 标准溶液配制

（1）标准储备液（40 mg/mL）：分别称取 400 mg（精确至 0.1 mg）木糖醇、山梨醇、麦芽糖醇、赤藓糖醇标准品，加水定容至 10 mL，放置于 4 ℃密封，可贮藏 1 个月。

（2）标准工作液：分别准确移取各种糖醇标准储备液 40 μL、60 μL、80 μL、100 μL、120 μL、150 μL，加水定容至 1 mL，配制成质量浓度分别为 1.6 mg/mL、2.4 mg/mL、3.2 mg/mL、4.0 mg/mL、4.8 mg/mL、6.0 mg/mL 的混合系列标准工作溶液。

四、仪器和设备

高效液相色谱仪：具有示差折光检测器；色谱柱：氨基色谱柱（内径 4.6 mm，柱长 250 mm，粒径 5 μm）或阳离子交换色谱柱（内径 6.5 mm，柱长 300 mm）；食品粉碎机；分析天平：感量为 0.1 mg、0.01 g；高速离心机：转速 ≥ 9 500 r/min；超声波清洗机：工作频率 40 kHz，功率 500 W。

五、实验步骤

1. 试样制备及前处理

（1）口香糖：取口香糖样品至少 20 g，用刀片切成小碎块，置于密闭的容器内混匀。准确称取 2 g 左右切碎的样品，置于 50 mL 离心管中，加入 40 mL 水，混匀后置于 80 ℃水浴锅中加热 20 min，每隔 5 min 振荡，混匀，取出后 9 000 r/min 离心 10 min。取 8 mL 上清液置于 10 mL 容量瓶中，加水定容、摇匀，0.22 μm 滤膜过滤后，上机测试。

（2）饮料：非蛋白饮料类，取样品至少 200 mL，充分混匀，置于密闭的容器内。称取 10 g 饮料于 50 mL 容量瓶中，加水定容至 50 mL，摇匀，0.22 μm 滤膜过滤后，上机测试。蛋白饮料类，取样品至少 200 g，置于密闭的容器内混匀。称取样品 5 g，置于 50 mL 容量瓶中，加入 35 mL 水，摇匀后超声 30 min，每隔 5 min 振荡混匀，取出后 9 000 r/min 离心 10 min。上清液中加入三氯乙酸溶液（100 g/L）5 mL，摇匀后室温放置 30 min，9 500 r/min 离心 10 min。取 8 mL 上清液于 10 mL 容量瓶中并加水定容，摇匀后取滤液 850 μL，加入碳酸钠溶液（21.2 g/L）150 μL，摇匀中和；或取 10 mL 上清液加入 20 mL 乙腈，摇匀后室温放置 30 min，9 500 r/min 离心 10 min，上清定容至 50 mL，摇匀。0.22 μm 的微孔滤膜过滤，上机测试。

（3）饼干、糕点、面包：取样品至少 200 g，用粉碎机粉碎，置于密闭的容器内混匀。称取粉碎的样品 1～5 g，置于 50 mL 离心管中，加入 40 mL 水，摇匀后超声 30 min，每隔 5 min 振荡混匀，取出后 9 000 r/min 离心 10 min。上清液中加入三氯乙酸溶液 5 mL，摇匀后室温放置 30 min，9 500 r/min 离心 10 min。取 8 mL 上清液于 10 mL 容量瓶中并加水定容，摇匀后取滤液 850 μL，加入碳酸钠溶液 150 μL，摇匀中和；或取 10 mL 上清液加入 20 mL 乙腈，摇匀后室温放置 30 min，9 500 r/min 离心 10 min，上清定容至 50 mL，摇匀。0.22 μm 滤膜过滤后，上机测试。

注：对糖醇含量较低，经乙腈沉淀稀释后低于检出限的样品，应采用三氯乙酸沉淀；对赤藓糖醇含量较低（≤1%）的样品，应采用乙腈沉淀。其他情况两种方法均可。

2. 仪器参考条件

（1）氨基色谱柱的仪器条件。

色谱柱：氨基柱，柱长 250 mm，内径 4.6 mm，粒径 5 μm，或等效柱。

柱温：30 ℃。

流动相：乙腈与水的比为 80∶20。

流速：1.0 mL/min。

进样量：20 μL。

检测池温度：30 ℃。

（2）阳离子交换色谱柱的仪器条件。

色谱柱：阳离子交换柱，柱长 300 mm，内径 6.5 mm，或等效柱。

柱温：80 ℃。

流动相：水或与色谱柱匹配的酸性水溶液。

流速：0.5 mL/min。

进样量：20 μL。

检测池温度：50 ℃。

3. 标准曲线的制作

将 20 μL 标准系列工作液分别注入高效液相色谱仪中，测定标准溶液的响应值（峰面积），以标准工作液的浓度为横坐标，以响应值（峰面积）为纵坐标，绘制标准曲线。

4. 试样溶液的测定

将 20 μL 试样溶液注入高效液相色谱仪中，在上述所述色谱条件下测定试样的响应值（峰面积），通过各个糖醇的色谱峰的保留时间定性。根据峰面积由标准曲线得到试样溶液中木糖醇、山梨醇、麦芽糖醇、赤藓糖醇的浓度。

六、分析结果的表述

试样中糖醇含量按下式计算：

$$X = \rho \times V_m \times 1\,000 \times 100$$

式中：

X——试样中木糖醇、山梨醇、麦芽糖醇、赤藓糖醇的含量，%；

ρ——由标准曲线获得的试样溶液中木糖醇、山梨醇、麦芽糖醇、赤藓糖醇的浓度，单位为毫克每毫升（mg/mL）；

V——水溶液总体积，单位为毫升（mL）；

m——试样的质量，单位为克（g）；

1000——换算系数。

计算结果保留两位有效数字。

注：在重复性条件下获得的两次独立测定结果的绝对差值不得超过算术平均值的 10%。本方法对木糖醇、山梨醇、麦芽糖醇、赤藓糖醇的检出限均为 0.4 g/100 g，定量限均为 1.3 g/100 g。

木糖醇、山梨醇、麦芽糖醇、赤藓糖醇混合标准溶液的色谱图，如图 1 所示。

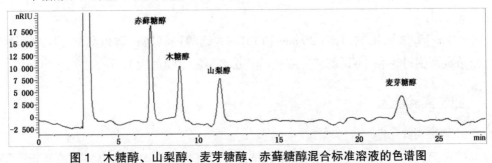

图 1　木糖醇、山梨醇、麦芽糖醇、赤藓糖醇混合标准溶液的色谱图

实验十三　毛细管电泳仪分离测定雪碧、芬达中苯甲酸钠的含量

一、实验目的

（1）了解毛细管电泳仪（以安捷伦 7 100 为例）的结构及基本操作。

（2）了解毛细管电泳分离的基本原理。

（3）掌握色谱的基本定性、外标法的定量方法。

二、实验原理

苯甲酸钠是苯甲酸的钠盐，无味或略带安息香气味，在空气中十分稳定，易溶于水，由于其比苯甲酸更易溶于水，故其比苯甲酸更常用于工业生产。但是，有研究显示，苯甲酸类具有叠加毒性作用，所以日常已普遍改用山梨酸盐作为防腐剂。电泳指带电粒子在电场作用下做定向运动的现象。电泳有自由电泳和区带电泳两类，区带电泳是将样品加于载体上，并加一个电场。在电场作用下，各种性质不同的组分以不同的速率向极性相反的两极迁移。利用样品与载体之间的作用力的不同，并与电泳过程结合起来，以期得到良好的分离。因此，电泳又称电色谱。本实验通过使用毛细管电泳法对饮料中苯甲酸钠含量进行定性、定量测量，得出饮料中苯甲酸钠的含量。

三、仪器与试剂

1. 仪器

Agilent7100 型液相色谱仪。

2. 试剂

1.0 mol/L 氢氧化钠溶液；20 mmol/LPH=9.3 硼酸钠溶液；雪碧滤液（脱气后经0.45 μm 滤膜过滤）；芬达滤液（脱气后经 0.45 μm 滤膜过滤）。

四、实验步骤

1. 确定实验条件

（1）打开计算机，等计算机启动完毕后，打开毛细管电泳仪电源开关。通信完

毕后，设定操作条件：分别在进样盘中放入相应的溶液：①NaOH 溶液；②纯水；③空；④⑤⑥硼酸钠溶液；⑦空；⑧废液。

（2）CE 平衡步骤：

第一步，设定 inlet 为①号位置，outlet 为⑧号位置冲洗 300 秒。

第二步，设定 inlet 为②号位置，outlet 为⑧号位置冲洗 300 秒。

第三步，设定 inlet 为⑥号位置，outlet 为⑧号位置冲洗 300 秒。

2. 样品制备

将雪碧、芬达倒入烧杯后放在超声波仪中超声脱气，去除饮料中溶解的空气及大量二氧化碳气体。脱气后的雪碧、芬达溶液通过 45 μm 的滤膜过滤后，转移至进样瓶中备用。称量 0.2 g 的苯甲酸钠，用 20 g/L 的 $NaHCO_3$ 溶液加热溶解于 10 ml 的容量瓶中，再从中移取 2.5 mL 溶液至 50 ml 容量管中定容作为母液。分别从母液中移取 2 mL、4 mL、6 mL、8 mL、10 mL 溶液至 25 mL 容量瓶中定容。

3. 毛细管电泳仪样品测试参数

柱温：20 ℃；保护电流：300 mA；测试时间：10 min；冲洗时间：5 min。

4. 样品测定

（1）把苯甲酸钠标准液放置于进样盘⑪、⑫、⑬、⑭、⑮位置处测试，并获得保留时间及峰面积。

（2）将未知浓度雪碧滤液、芬达滤液放置于进样盘⑰、⑱处测试，以获得此溶液中苯甲酸钠的保留时间及峰面积。

5. 关机

用纯水冲毛细管约半小时，观察基线平稳后，可在工作站上关闭电泳仪及检测器，然后关闭工作站，再依次关闭仪器电源及计算机电源。

五、数据处理

根据各标准溶液的实验结果，绘制峰面积—浓度标准曲线，再根据样品测得的值，从曲线上查出雪碧、芬达中苯甲酸钠溶液的实际浓度。

六、思考题

（1）毛细管电泳分离原理是什么？

（2）色谱的定性依据是什么？还可以用什么其他方式定性？

（3）外标法属于什么定量方法？其优缺点是什么？

实验十四　咖啡掺伪检验

一、实验目的

（1）了解咖啡中咖啡因的含量范围。

（2）掌握咖啡掺伪的检验方法。

二、实验原理

咖啡因的氯仿提取液最大吸收波长为 276 nm，其溶液的吸光度和浓度成正比。

三、试剂和材料

不同类型的咖啡样品；10% 氢氧化钠溶液；咖啡因标准溶液（100 μg/mL）；氧化镁；氯仿。

四、仪器设备

天平；紫外 - 分光光度计；1 cm 石英比色皿；分液漏斗。

五、实验步骤

1. 标准曲线的制作

取咖啡因标准溶液 0.0 mL、2.0 mL、4.0 mL、6.0 mL、8.0 mL、10.0 mL，分别用氯仿定容至 50 mL。用 1 cm 比色皿在 276 nm 波长下测定其吸光度，绘制标准曲线。

2. 样品测定

取样品 1.0 g，加 50 ℃ ~ 60 ℃的水 100 mL，加氧化镁 10 g，水浴加热 20 min，冷却后用水定容至 200 mL，过滤。取滤液 100 mL 于分液漏斗中，分别用 20 mL、15 mL、10 mL 氯仿提取三次，合并提取液，经无水硫酸钠脱水后，定容至 50 mL，于 276 nm 波长下测定其吸光度，从标准曲线查得咖啡因含量。

六、结果计算

咖啡因含量按下式计算：

$$咖啡因含量（\%）= \frac{\rho V_3 \times 100}{m \frac{V_2}{V_1} \times 1000} \times 100\%$$

式中：

ρ——查标准曲线的咖啡因含量，单位为微克每毫升（μg/mL）；

V_1——样品加热后加水定容体积，单位为毫升（mL）；

V_2——取样品液的总体积，单位为毫升（mL）；

V_3——氯仿提取液的总体积，单位为毫升（mL）；

m——样品的质量，单位为克（g）。

实验十五　鲜蛋及蛋制品的卫生检验

一、实验目的

（1）了解和掌握鲜蛋的感官检查方法和判定标准。

（2）了解鲜蛋比重的测定方法和判定标准。

二、实验方法

1. 感官检查

（1）检查方法。先用肉眼观察蛋的大小、形状、洁净度、有无霉斑等，然后仔细检查蛋壳表面有无裂纹和破损。之后，将蛋放在手中，使其相互碰击，细听其声。还可嗅蛋的气味是否正常，有无异常气味。必要时打开蛋壳检查下列指标：蛋黄状况、蛋白状况、系带状况、气味和滋味等。

（2）判定标准。

鲜蛋：蛋壳应清洁完整；灯光透视，整个蛋呈微红色，蛋黄不见或略见阴影；打开后，蛋黄凸起、完整、有韧性，蛋白澄清透明、稀稠分明。

陈蛋：蛋表皮的粉霜脱落，皮色油亮或乌黑，碰撞响声空洞，在手中掂动有轻飘感。打开时，蛋黄扁平，膜松弛，蛋白稀薄，浓蛋白减少，稀蛋白增多，系带松弛。

腐败变质蛋：它的形态、色泽、清洁度、完整性均有一定的变化，如腐败，蛋外壳常呈灰白色，打开时为散黄蛋，黄、白相混，浓蛋白极少或无，无异味；如为沥黄蛋，黄、白变稀，混浊，有异味。如为腐败蛋，蛋白变为绿色甚至黑绿色，蛋黄也由桔黄色变为黑绿色或黑色的液状物，并带有强烈的硫化氢臭味；如为霉蛋，蛋白发生溶解、黄、白混合，蛋壳膜形成霉斑，蛋白颜色变黑，并具有霉味。

2. 灯光透视检查

利用照蛋器的灯光来透视检蛋，可见到气室的大小、内容物的透光程度、蛋黄移动的阴影，以及蛋内有无污斑、黑点和异物等。灯光照蛋方法简便易行，对鲜蛋的质量有决定性把控。

（1）检验方法。

照蛋：在暗室中将蛋的大头紧贴于照蛋器的洞口上，使蛋的纵轴与照蛋器约成30°角。倾斜，先观察气室大小和内容物的透光程度，然后上下、左右轻轻转动，根据蛋内容物移动情况来判断气室的稳定状态和蛋黄、胚盘的稳定程度，以及蛋内有无污斑、黑点和游动物等。

气室测量：在贮存过程中，由于蛋内水分不断蒸发，致使气室空间日益增长。因此，测定气室的高度，有助于判定蛋的新鲜程度。气室的测量是由特制的气室测量规尺测量后，加以计算来完成的。气室测量规尺是一个刻有平行线的半圆形切口的透明塑料板。测量时，先将气室测量规尺固定在照蛋孔上缘，将蛋的大头端向上正直地嵌入半圆形的切口内，在照蛋的同时即可测出气室的高度与气室的直径，读取气室左右两端落在规尺刻线上的数值（即气室左、右边的高度），按式"气室高度＝（气室左边的高度＋气室右边的高度）/2"计算。

（2）判定标准。

最新鲜蛋：透视全蛋呈桔红色，蛋黄不显现，内容物不流动，气室高 4 mm 以内。

新鲜蛋：透视全蛋呈红黄色，蛋黄所在处颜色稍深，蛋黄稍有转动，气室高在 5 ～ 7 mm 以内，此系产后约 2 周以内的蛋，可供冷冻贮存。

普通蛋：内容物呈红黄色，蛋黄阴影清楚，能够转动且位置上移，不再居于中央。气室高度 10 mm 以内且能动。此系产后 2 ～ 3 个月左右的蛋，应速销售，不宜贮存。

可食蛋：因浓蛋白完全水解，蛋黄显见，易摇动，且因上浮而接近蛋壳（贴壳蛋）。气室移动，高达 10 mm 以上。这种蛋应快速销售，只作普通食用蛋，不宜作蛋制品加工原料。

次品蛋（结合将蛋打开检查）：热伤蛋、早期胚胎发育蛋、红贴壳蛋、轻度黑贴壳蛋、散黄蛋、轻度霉蛋。

变质蛋和孵化蛋：重度黑贴壳蛋、重度霉蛋、泻黄蛋、黑腐蛋、晚期胚胎发育蛋（孵化蛋）。

3. 开蛋检验

（1）蛋黄指数的测定。

原理：蛋黄指数（又称蛋黄系数）是蛋黄高度除以蛋黄横径所得的商。蛋越新鲜，蛋黄膜包得越紧，蛋黄指数就越高；反之，蛋黄指数就越低。因此，蛋黄指数可表明蛋的新鲜程度。

操作方法：把鸡蛋打在一个洁净、干燥的平底白瓷盘内，用蛋黄指数测定仪量取蛋黄最高点的高度和最宽处的宽度。测量时注意不要弄破蛋黄膜。

计算：

$$蛋黄指数 = \frac{蛋黄高度（mm）}{蛋黄宽度（mm）}$$

判定标准：新鲜蛋的蛋黄指数一般为 0.40 ~ 0.44，次鲜蛋为 0.35 ~ 0.40，合格蛋为 0.30 ~ 0.35。

（2）蛋 pH 值的测定。

原理：在储存时，由于蛋内 CO_2 逸出，加之蛋白质在微生物和自溶酶的作用下不断分解，产生氮及氨态化合物，使蛋内 pH 值向碱性方向变化。但是，当蛋接近变质时，蛋内 pH 值有下降的趋势。因此，蛋内 pH 值的测定仅作为参考指标。

操作方法：将蛋打开，取 1 份蛋白（全蛋或蛋黄）于 9 份水混匀，用酸度计测定 pH 值。

判定标准：新鲜鸡蛋的 pH 为蛋白 7.3 ~ 8.0，全蛋 6.7 ~ 7.1，蛋黄 6.2 ~ 6.6。

实验十六　肉制品中挥发性盐基氮的测定

一、实验目的

（1）了解肉制品中挥发性盐基氮含量的测定方法。

（2）掌握半微量定氮法的操作。

二、实验原理

挥发性盐基氮是动物性食品由于酶和细菌的作用，在腐败过程中，使蛋白质分解而产生氨及胺类等碱性含氮物质。挥发性盐基氮具有挥发性，在碱性溶液中蒸出，利用硼酸溶液吸收后，用标准酸溶液滴定计算挥发性盐基氮含量。

三、试剂和材料

氧化镁（MgO）；硼酸（H_3BO_3）；三氯乙酸（$C_2HCl_3O_2$）；盐酸（HCl）或硫酸（H_2SO_4）；甲基红指示剂（$C_{15}H_{15}N_3O_2$）；溴甲酚绿指示剂（$C_{21}H_{14}Br_4O_5S$）或亚甲基蓝指示剂（$C_{16}H_{18}ClN_3S \cdot 3H_2O$）；95% 乙醇（$C_2H_5OH$）；消泡硅油。

氧化镁混悬液（10 g/L）：称取 10 g 氧化镁，加 1 000 mL 水，振摇成混悬液。

硼酸溶液（20 g/L）：称取 20 g 硼酸，加水溶解后并稀释至 1 000 mL。

三氯乙酸溶液（20 g/L）：称取 20 g 三氯乙酸，加水溶解后并稀释至 1 000 mL。

盐酸标准滴定溶液（0.010 0 mol/L）或硫酸标准滴定溶液（0.010 0 mol/L）：临用前以盐酸标准滴定溶液（0.100 0 mol/L）或硫酸标准滴定溶液（0.100 0 mol/L）配制。

甲基红乙醇溶液（1 g/L）：称取 0.1 g 甲基红，溶于 95% 乙醇，用 95% 乙醇稀释至 100 mL。

溴甲酚绿乙醇溶液（1 g/L）：称取 0.1 g 溴甲酚绿，溶于 95% 乙醇，用 95% 乙醇稀释至 100 mL。

亚甲基蓝乙醇溶液（1 g/L）：称取 0.1 g 亚甲基蓝，溶于 95% 乙醇，用 95% 乙醇稀释至 100 mL。

混合指示液：1 份甲基红乙醇溶液与 5 份溴甲酚绿乙醇溶液临用时混合，也可用 2 份甲基红乙醇溶液与 1 份亚甲基蓝乙醇溶液临用时混合。

四、仪器和设备

天平：感量为 1 mg；搅拌机；具塞锥形瓶：300 mL；半微量定氮装置；吸量管：10.0 mL、25.0 mL、50.0 mL；微量滴定管：10 mL，最小分度 0.01 mL。

五、实验步骤

按图 1 安装好半微量定氮装置。装置使用前需做清洗和密封性检查。

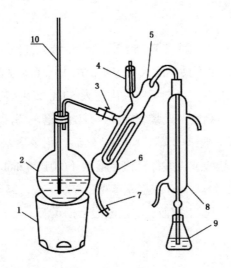

注:1——电炉;2——水蒸气发生器(2 L 烧瓶);3——螺旋夹;4——小玻杯及棒状玻塞;5——反应室;6——反应室外层;7——橡皮管及螺旋夹;8——冷凝管;9——蒸馏液接收瓶;10——安全玻璃管。

图1 半微量定氮蒸馏装置图

1.试样处理

鲜(冻)肉去除皮、脂肪、骨、筋腱,取瘦肉部分,鲜(冻)海产品和水产品去除外壳、皮、头部、内脏、骨刺,取可食部分,绞碎搅匀。制成品直接绞碎搅匀。肉糜、肉粉、肉松、鱼粉、鱼松、液体样品可直接使用。皮蛋(松花蛋)、咸蛋等腌制蛋去蛋壳、去蛋膜,按蛋:水 =2：1 的比例加入水,用搅拌机绞碎搅匀成匀浆。鲜(冻)样品称取试样 20 g,肉粉、肉松、鱼粉、鱼松等干制品称取试样 10 g,精确至0.001 g,液体样品吸取 10.0 mL 或 25.0 mL,置于具塞锥形瓶中,准确加入 100.0 mL水,不时振摇,试样在样液中分散均匀,浸渍 30 min 后过滤。皮蛋、咸蛋样品称取蛋匀浆 15 g(计算含量时,蛋匀浆的质量乘以 2/3 即为试样质量),精确至0.001 g,置于具塞锥形瓶中,准确加入 100.0 mL 三氯乙酸溶液,用力充分振摇1 min,静置 15 min,待蛋白质沉淀后过滤。滤液应及时使用,不能及时使用的滤液置冰箱内在 0℃~ 4℃冷藏备用。对于蛋白质胶质多、黏性大、不容易过滤的特殊样品,可使用三氯乙酸溶液替代水进行实验。蒸馏过程泡沫较多的样品可滴加1 ~ 2 滴消泡硅油。

2. 测定

向接收瓶内加入 10 mL 硼酸溶液，5 滴混合指示液，并使冷凝管下端插入液面下，准确吸取 10.0 mL 滤液，由小玻杯注入反应室，以 10 mL 水洗涤小玻杯并使之流入反应室内，随后塞紧棒状玻塞。再向反应室内注入 5 mL 氧化镁混悬液，立即将玻塞盖紧，并加水于小玻杯以防漏气。夹紧螺旋夹，开始蒸馏。蒸馏 5 min 后移动蒸馏液接收瓶，液面离开冷凝管下端，再蒸馏 1 min。然后，用少量水冲洗冷凝管下端外部，取下蒸馏液接收瓶。以盐酸或硫酸标准滴定溶液（0.010 0 mol/L）滴定至终点。使用 1 份甲基红乙醇溶液与 5 份溴甲酚绿乙醇溶液混合指示液，终点颜色至紫红色。使用 2 份甲基红乙醇溶液与 1 份亚甲基蓝乙醇溶液混合指示液，终点颜色至蓝紫色。同时，做试剂空白实验。

六、结果计算

试样中挥发性盐基氮含量按下式计算：

$$X = \frac{(V_1 - V_2) \times c \times 14}{m \times (V / V_0)} \times 100$$

式中：

X——试样中挥发性盐基氮的含量，单位为毫克每百克（mg/100 g）或毫克每百毫升（mg/100 mL）；

V_1——试液消耗盐酸或硫酸标准滴定溶液的体积，单位为毫升（mL）；

V_2——试剂空白消耗盐酸或硫酸标准滴定溶液的体积，单位为毫升（mL）；

c——盐酸或硫酸标准滴定溶液的浓度，单位为摩尔每升（mol/L）；

14——滴定 1.0 mL 盐酸 [c（HCl）=1.000mol/L] 或硫酸 [c（$1/2H_2SO_4$）=1.000mol/L] 标准滴定溶液相当的氮的质量，单位为克每摩尔（g/mol）；

m——试样质量，单位为克（g），或试样体积，单位为（mL）；

V——准确吸取的滤液体积，单位为毫升（mL），本方法中 V=10；

V_0——样液总体积，单位为毫升（mL），本方法中 V_0=100；

100——计算结果换算为毫克每百克（mg/100g）或毫克每百毫升（mg/100mL）的换算系数。

实验结果以重复性条件下获得的两次独立测定结果的算术平均值表示，结果保留三位有效数字。

实验十七　罐头食品中尿素残留量的检测

一、实验目的

了解并掌握利用分光光度法检验菇中尿素含量的检测方法。

二、实验原理

在含尿素样品液中加入澄清剂沉淀蛋白质，用活性炭脱色，溶液中的尿素与二甲基氨基苯甲醛显色，在波长 420 nm 处求得其最大吸收值，查标准曲线，计算样品中尿素含量。

三、试剂和材料

对二甲基氨基苯甲醛（DMAB）；醋酸锌；亚铁氰化钾；活性炭；磷酸缓冲液（pH7.0）；尿素标准溶液（0.2 mg/mL）。

四、实验步骤

1. 标准曲线的绘制

精确吸取尿素标准溶液 0.0 mL、0.5 mL、1.0 mL、1.5 mL、2.0 mL、3.0 mL 尿素标准溶液，分别移入 25 mL 比色管中，然后加入磷酸缓冲液至总体积为 5 mL，加入 DMAB 溶液 5 mL，摇匀后静置 15 min，于 420 nm 处测定吸光度，绘制标准曲线。

2. 样品测定

称取 200 g 样品，于组织捣碎机中搅拌 1 min。称取均匀样品 40 g，用 20 mL 水移入 100 mL 容量瓶中，加入亚铁氰化钾溶液和醋酸锌溶液各 5 mL，再加入活性炭 2 g，在震荡机中震荡 30 min，加水至刻度，用滤纸过滤，弃去最初滤液，精确吸取滤液 5 mL 于 25 mL 比色管中，加入 5 mLDMAB 溶液，摇匀后移入离心管中，以 8 000 r/min 离心 15 min，取上清液按标准曲线的绘制步骤进行比色测定，测得吸光度后，在标准曲线上查得尿素含量。

五、结果计算

$$尿素含量 = m_1/m（mg/kg）$$

式中：

m_1——在标准曲线中查得尿素量，单位为微克（μg）；

m——测定时所取 5 mL 溶液中样品的质量，单位为克（g）。

实验十八　鲜乳中抗生素残留的检验

一、实验目的

（1）了解鲜乳的质量标准。

（2）掌握鲜乳中抗生素残留的检测方法。

（3）了解实验废弃物的处理流程。

（4）认同检验工作的重要性，培养社会责任感和职业使命感。

二、实验原理

样品经过 80℃杀菌后，添加嗜热链球菌菌液。培养一段时间后，嗜热链球菌开始增殖。这时候，加入代谢底物 2，3，5- 氯化三苯四氮唑（TTC），若该样品中不含有抗生素或抗生素的浓度低于检测限，嗜热链球菌将继续增殖，还原 TTC 成为红色物质；相反，如果样品中含有高于检测限的抑菌剂，则嗜热链球菌受到抑制，因而指示剂 TTC 不还原，保持原色。

三、试剂和材料

除微生物实验室常规灭菌及培养设备外，其他设备和材料如下：

恒温培养箱：36℃ ±1℃；带盖恒温水浴锅：36℃ ±1℃，80℃ ±2℃；天平：感量 0.1 g、0.001 g；无菌吸管：1 mL（具 0.01 mL 刻度）、10.0 mL（具 0.1 mL 刻度）或微量移液器及吸头；无菌试管：18 mm×180 mm；温度计：0℃～100℃；旋涡混匀器。

菌种：嗜热链球菌；灭菌脱脂乳；2，3，5- 氯化三苯四氮唑（TTC）水溶液；青霉素 G 参照溶液。

四、操作步骤

1. 活化菌种

取一接种环嗜热链球菌菌种，接种在 9 mL 灭菌脱脂乳中，置 36℃ ±1℃恒温培养箱中培养 12 ～ 15 h 后，置 2 ～ 5 ℃冰箱冷藏室保存备用。每 15 d 转种一次。

2. 测试菌液

将经过活化的嗜热链球菌菌种接种灭菌脱脂乳，36℃ ±1℃培养 15h ±1h，加入相同体积的灭菌脱脂乳混匀稀释成为测试菌液。

3. 培养

取样品 9 mL，置 18 mm × 180 mm 试管内，每份样品另外做一份平行样。同时，再做阴性和阳性对照各一份，阳性对照管用 9 mL 青霉素 G 参照溶液，阴性对照管用 9 mL 灭菌脱脂乳。所有试管置 80℃ ±2℃水浴加热 5 min，冷却至 37℃以下，加入测试菌液 1 mL，轻轻旋转试管混匀。36℃ ±1℃水浴培养 2 h，加 4%TTC 水溶液 0.3 mL，在旋涡混匀器上混合 15 s 或振动试管混匀。36℃ ±1℃水浴避光培养 30 min，观察颜色变化。如果颜色没有变化，于水浴中继续避光培养 30 min 做最终观察（图 1）。观察时要迅速，避免光照过久出现干扰。

五、结果判断

在白色背景前观察，试管中样品呈乳的原色时，指示乳中有抗生素存在，为阳性结果；试管中样品呈红色，为阴性结果。若最终观察现象仍为可疑，建议重新检测。

最终观察时，样品变为红色，报告为抗生素残留阴性；样品依然呈乳的原色，报告为抗生素残留阳性。

本方法检测几种常见抗生素的最低检出限为青霉素 0.004 IU，链霉素 0.5 IU，庆大霉素 0.4 IU，卡那霉素 5 IU。鲜乳中抗生素残留检验流程，如图 1 所示。

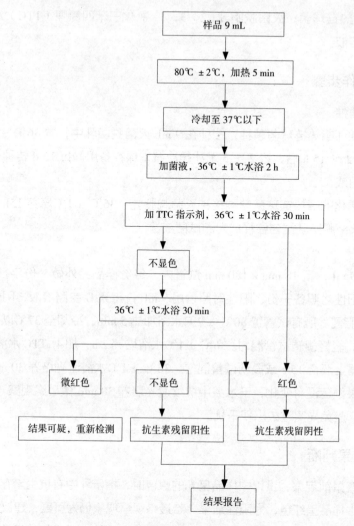

图 1 鲜乳中抗生素残留检验流程图

第三部分　创新研究性实验

本部分以创新研究性实验为主，共包括18个创新研究性实验，属学生自主设计实验部分，旨在提高学生的创造性思维、创新精神和创新能力。利用前面两部分所学的基本技能和检验实验的综合锻炼，学生可以根据实验提示，查阅资料，拟定实验的具体方向，自主设计实验，对科学问题进行研究。通过这部分综合实验，在知识目标方面，学生能开阔视野，主动获得更广泛的食品添加剂及食品掺伪检测与其他学科交叉的知识；在技能目标方面，学生能进一步提高操作技能和创新能力；在情感价值观目标方面，学生通过分析问题、解决问题可以提高团结协作、勇于钻研的能力。该部分实验可作为学生开展科技文化竞赛的选题，也为他们将来走上工作岗位后解决食品品质分析、安全检测、新产品开发、绿色可持续发展等方面的问题提供了一定的思路。

思政触点五：天然防腐剂的应用及性能测试（实验六）——积极探索、勇于创新、和谐发展。

习近平提出的"绿水青山就是金山银山""保护生态环境就是保护生产力，改善生态环境就是发展生产力"让学生在注重食品安全的同时，注意到了与大自然和谐相处、让学生认识到了大自然对人类的恩赐，只有做好环境保护工作才能保持持久的生产力，才能在自然界中积极探索，开发新型的天然食品添加剂。

思政触点六：食品中非法添加物的检测（实验十八）——与时俱进、诚信为公、坚持学习。

近年来，食品安全问题高发，食品造假、掺伪方式层出不穷，对检测人员的素质水平和检测技术的要求日益提高。学生可在教师引导下，通过相关资料收集自行制定实验方案，并在此过程中体会科技的不断进步。学生只有终身学习，不断创新，才能勇攀科学高峰，在未来把国家、社会、个人的价值要求融为一体。

实验一 复合膨松剂的配制及其性能测试

复合膨松剂广泛应用在非发酵食品的膨松应用方面，如饼干、面包和馒头等。复合膨松剂较一般膨松剂具有产气量大、反应易于控制、反应产物不影响食品品质等特点，它还可简化食品生产工艺，提高食品质量。

一、实验目的

（1）掌握配制复合膨松剂的基本原则。
（2）掌握测定膨松剂质量的简易方法。

二、实验内容

（1）测定酸性物质的中和值。
（2）配制一种复合膨松剂。
（3）膨松剂的测定与应用。

三、仪器和试剂

1. 仪器
滴定装置，蒸煮设备。
2. 试剂
邻苯二甲酸氢钾，氢氧化钠，酒石酸氢钾，碳酸氢钠，面粉，淀粉，酚酞指示剂。

四、实验步骤

1. 试样制备
（1）配制 500 mL 的 0.1N 的 NaOH 溶液。
（2）用邻苯甲酸氢二钾标定 NaOH 溶液：称取邻苯甲酸氢二钾 0.4 g 左右，加入 20 ~ 30 mL 水溶解，再加入 2 ~ 3 滴酚酞指示剂，直接用 NaOH 滴定。

$$N_{NaOH} = 100M / 204.23 V_{NaOH}$$

式中：

M——邻苯甲酸氢二钾的重量（g）。

（3）用 NaOH 溶液滴定酒石酸氢钾和磷酸二氢钙；称取酒石酸氢钾 0.2 g 左右、磷酸二氢钙 0.12 g 左右，滴定方法同（2）。

2. 计算中和值

计算公式，如某酸性盐的中和值 = $N_{NaOH}V_{NaOH} \times 84.01 \times 100/1\,000W$

W——某酸性盐的重量（g）

3. 配制复合膨松剂

（1）碳酸氢钠的用量是总量的 30%。

（2）至少用两种酸性膨松剂，分别中和碳酸氢钠，其配比为 1∶1 或 1∶2。

（3）每组配制两种复合膨松剂各 3 g（先计算好再准确称量）。

（4）复合膨松剂要充分研碎，便于分散混匀。

4. 应用验证复合膨松的效果。

（1）每组称量两份面粉各 100 g。

（2）把两种复合膨松剂各 3 g 分别加入两份面粉中混合均匀。

（3）加入适量温水，揉匀成面团。

（4）做成小馒头等形状，放入蒸煮锅内蒸熟（约 20 min）。

（5）比较两种复合膨松剂的膨松效果或跟其他同学的比较。

五、实验要求

（1）操作规范、合理。

（2）原始数据齐全，结果准确，误差在合理范围内。

（3）实验报告完整。

（4）实验卫生清洁。

六、实验报告要求

（1）实验报告完整，字迹工整清晰，无涂改与污迹。

（2）原始数据齐全，结果准确，误差合理，误差分析正确。

（3）在"结果与讨论"一栏中应提出对该次实验进行讨论。

实验二 色素、香精与调味剂的应用

色素、香精和调味剂广泛应用于食品工业，掌握这些食品添加剂的应用特性，有助于食品配方的调整与设计。

一、实验目的和要求

（1）掌握食品色素、香精和调味剂的使用浓度范围及化学稳定性。

（2）掌握食品配方设计的方法。

二、实验内容

（1）进行食品色素、香精和调味剂的特性试验。

（2）配制一种可口的饮料。

三、仪器和试剂

1.仪器

分析天平、滴瓶、容量瓶、烧杯、吸管。

2.试剂

各种香精、色素、苹果酸、乳酸、酒石酸钾、磷酸、糖精、甜蜜素、白糖、味精。

四、实验步骤

1.确定色素在不同 pH 值和不同温度条件下的显色和稳定性

按表 1 进行实验，比较其显色好坏与显色稳定性。

表 1　色素在不同 pH 值和不同温度条件下的显色和稳定性

条件	pH2 ~ 450ppm	pH6 ~ 750ppm	pH9 ~ 1050ppm	结　论
常温				
温水中加热 30 min 立即冷却到室温				

2. 确定各种酸的最佳使用浓度并选择合理的组合酸型

按表 2 进行实验，比较口感强弱。

表 2　各种酸的最佳使用浓度

条件	1%	0.1%	0.01%	结　论
柠檬酸				
酒石酸				
苹果酸				
乳酸				
磷酸				

按表 3 进行实验，确定组合酸的方案。

表 3　各种酸的组合方案

组合酸	组合 1	组合 2	组合 3	结　论
各种酸的浓度				
风味特点				

3. 研究常用甜味剂的使用浓度

配制各种常用甜味剂溶液 100 ml，蔗糖、甜蜜素、糖精浓度分别为 10%、1%、0.1%。品尝不同甜味剂，逐步稀释找出其甜度，并比较其风味特点。

4. 配制一种可口饮料

使用以上食品添加剂，配制 500 ml 饮料，力争做到色香味俱全。

五、实验要求

（1）操作规范、合理。

（2）原始数据齐全，结果准确，误差在合理范围内。

（3）实验报告完整。

（4）实验卫生清洁。

六、实验报告要求

（1）实验报告完整，字迹工整、清晰，无涂改、污迹。

（2）原始数据齐全，结果准确，误差合理，对误差分析正确。

（3）结果与讨论部分应针对该次实验内容与方法等进行讨论。

实验三　乳化剂、增稠剂、防腐剂的应用

乳化剂、增稠剂和防腐剂等食品添加剂在多种食品中都有广泛应用，但其应用方法与使用范围较难掌握。本实验要求学生根据理论课程学到的有关知识，通过自行设计具体实验方案，配制一种多味调和油，来熟悉这些食品添加剂的使用方法。

一、实验目的和要求

（1）了解常用增稠剂的特性。

（2）了解常用乳化剂的使用方法。

（3）了解常用防腐剂的特性。

二、实验内容与原理

（1）常用增稠剂的选择。

（2）乳化条件的确定。

（3）确定常用防腐剂的溶解性。

（4）配制乳化调味油。

三、需用的仪器和试剂

1. 仪器

分析天平、滴瓶、容量瓶、烧杯、吸管、水浴锅。

2. 试剂

乳化剂：单硬脂酸甘油脂、SE。

防腐剂：苯甲酸、山梨酸、对羟基苯甲酸甲酯。

增稠剂：淀粉、明胶、琼脂、羟甲基纤维素钠。

四、实验步骤

1. 常用增稠剂的选择

（1）配制各种增稠剂的 5% 水溶液 100 ml。

（2）比较其稠度。

（3）各种增稠剂在不同酸度条件下的黏度变化。

按表 1 进行实验，确定其黏度变化。

表 1　各种增稠剂在不同酸度条件下的黏度

不同处理	淀　粉	琼　脂	明　胶	羟甲其纤维素钠
中性条件				
酸性条件				
碱性条件				

2. 试验油、水、温差、搅拌等对乳化剂效果的影响

按表 2 进行实验，确定其乳化条件。

表 2　油、水温度、搅拌等对乳化剂的影响

试管号	1	2	3	4	5
加入油 /mL	8	4	4	4	4
加入乳化剂 /g	0.4	0	0	0	0
加入 1 号试管溶液 /mL	—	0.5	0.5	1	1

注：1 号试管，加入乳化剂后，加热溶解后才能取用；2 号试管，慢慢倒入 2 mL 冷水，再摇匀；3 号试管，加热 10 min，慢慢倒入 2 mL 冷水，再摇匀；4 号试管，加热 10 min，慢慢倒入 2 mL 冷水，再摇匀；5 号试管，加热 10 min，将混合液慢慢倒入 2 mL 冷水中，再摇匀。

3. 确定常用防腐剂的溶解性

4. 设计方案配制乳化调味油

五、实验要求

（1）操作规范、合理。

（2）原始数据齐全，结果准确，误差在合理范围内。

（3）实验报告完整。

（4）实验卫生清洁。

六、实验报告要求

（1）实验报告完整，字迹工整、清晰，无涂改与污迹。

（2）原始数据齐全，结果准确，误差合理，对误差分析正确。

（3）在"结果与讨论"一栏中应对该次实验提出讨论意见。

实验四　天然抗氧化剂在肉制品中的应用

　　在加工、流通和贮藏过程中，肉制品不可避免地受温度、光、射线、氧、水分和催化剂等外界环境的影响。这些因素会使肉本身的脂肪发生氧化，产生醛、醇、酮等化合物，产生难闻的气味、苦涩味，降低了肉的质量和营养价值，同时还会引起肉表面褐变，使肉的可接受性也大大下降，从而造成很大的损失。在氧化严重时，肉制品会产生一些有毒性化合物，危及人体健康甚至生命。抗氧化剂的使用可以有效抑制肉类产品的氧化，但随着人类对合成抗氧化剂毒理学研究的深入，其安全性受到质疑。天然抗氧化剂广泛分布于自然界中，并且在长期食用中也没有出现低毒性的迹象，具有安全、高效等优点。

一、实验目的和要求

（1）了解天然抗氧化剂的特性。

（2）了解常用抗氧化剂的使用方法。

二、实验内容与原理

（1）抗氧化剂的选择。

（2）复配一种天然抗氧化剂。

（3）抗氧化能力的测定。

三、仪器和试剂

1. 仪器

电子天平、电热恒温干燥箱、旋转蒸发仪、10 mL 酸式滴定管。

2. 试剂

迷迭香提取物（鼠尾草酸5.07%）、茶多酚（儿茶素70%）、维E、TBHQ、维C、柠檬酸、冰乙酸（CH_3COOH）、三氯甲烷（$CHCl_3$）、碘化钾（KI）、硫代硫酸钠（$Na_2S_2O_3 \cdot 5H_2O$）、石油醚（沸程为30℃～60℃）、无水硫酸钠（Na_2SO_4）、重铬酸钾（$K_2Cr_2O_7$）、可溶性淀粉，以及制作腊肉所需的各种材料。

四、实验步骤

（1）自氧化试验。将不添加任何抗氧化剂的腊肉置于60℃恒温培养箱中，每隔3 d 测定其过氧化值，探讨肉制品的过氧化值达到0.5 g/100 g 所对应的氧化时间（表1）。

表1　不同处理时间下腊肉的过氧化值

时间 /d	过氧化值 /g·100g⁻¹	时间 /d	过氧化值 /g·100g⁻¹
3		..	
6		n	
9		N=n+3	

（2）单体抗氧化剂的抗氧化作用。以不添加任何抗氧化剂的腊肉作为对照，分别测定添加了5 种天然抗氧化剂的腊肉在60℃恒温培养箱中培养至 N 天时的过氧化值（n=自氧化实验过氧化值超过0.5 g/100 g 时的天数），对其进行显著性分析（表2）。

表2　添加不同抗氧化剂后腊肉在第 N 天时的过氧化值

添加物	第 N 天时的过氧化值 /g·100g⁻¹
对照	

添加物	第 N 天时的过氧化值 /g · 100g^{-1}
迷迭香提取物	
茶多酚	
Vc	
Ve	
柠檬酸	

（3）复配天然抗氧化剂。多种抗氧化剂联合使用，其抗氧化效果往往大于使用同剂量的单一抗氧化剂。每组同学根据自己的实验数据，结合资料查阅，自行设计复配配方，并进行试剂抗氧化能力测试。

五、实验要求

（1）操作规范、合理。

（2）原始数据齐全，结果准确，误差在合理范围内。

（3）实验报告完整。

（4）实验卫生清洁。

六、实验报告要求

（1）实验报告完整，字迹工整、清晰，无涂改与污迹。

（2）原始数据齐全，结果准确，误差合理，对误差分析正确。

（3）在"结果与讨论"一栏中应对该次实验提出讨论意见。

实验五　食品中防腐剂的测定

一、实验目的

防腐剂的主要作用是通过抑制微生物的生长和繁殖，延长食品的保存时间。到目前为止，我国只批准了 28 种允许使用的食品防腐剂，并且它们都为低毒、安全性较高的品种。它们在被批准使用前都经过了大量的科学实验，有动物饲养和毒性毒理试验、鉴定，并已被证实对人体不会产生任何急性、亚急性或慢性危害。只要食品生产厂商所使用的食品防腐剂的品种、数量和范围，严格控制在国家标准《食品安全国家标准食品添加剂使用标准》（GB 2760—2014）（以下简称《标准》）规定的范围之内，是绝对不会对人体健康造成损害的，人们大可放心食用。比如，我们在市场上所见到的食品通常会添加山梨酸钾、苯甲酸钠等防腐剂，这两种应用最广泛的防腐剂被人体摄入后，一般会随尿排泄，并不会在人体内蓄积。

当然，食品防腐剂也是一把"双刃剑"，也有可能给人们的健康带来一定的麻烦。在我国目前，食品生产中使用的防腐剂绝大多数都是人工合成的，一旦使用不当就可能产生一定的副作用；有些防腐剂甚至含有微量毒素，长期过量摄入会对人体健康造成一定的损害。以目前广泛使用的食品防腐剂苯甲酸为例，国际上对其使用一直存有争议。比如，因为已有苯甲酸及其钠盐蕴积中毒的报道，欧共体儿童保护集团认为它不宜用于儿童食品中，日本也对它的使用做出了严格限制。即使是作为国际上公认的安全防腐剂之一的山梨酸和山梨酸钾，对其过量摄入也会影响人体新陈代谢的平衡。

虽然《标准》严格规定了防腐剂的种类、质量标准和添加剂量，但令人感到十分遗憾和极为担心的是，许多食品生产企业违规、违法乱用、滥用食品防腐剂的现象却十分严重，主要表现在以下三个方面：大剂量使用防腐剂；使用廉价但毒副作用较大的防腐剂；使用变质的畜肉做香肠，为了不影响香肠的外观并掩盖变质的真相，使用福尔马林等作为防腐剂。

二、实验流程指导

（1）样品采集：采集不同类型、来源的食品，并做好记录。
（2）根据样品所属的食品类型进行分组。
（3）根据食品的配料表，查找其是否使用了防腐剂，以及使用了何种防腐剂。
（4）查阅文献资料，对食品中的防腐剂进行检测。

三、实验结果

结合试验数据判断食品中是否使用了防腐剂，防腐剂使用是否符合标准，是否存在超量、超范围使用防腐剂的情况。

四、思考题

（1）哪种类型或来源的食品存在违规使用防腐剂的情况？

（2）怎样避免防腐剂的违规使用？

五、参考资料

本实验参考资料如表 1、表 2 所示。

表 1　我国允许使用的食品防腐剂及部分质量标准和检测标准

CNS 号	名　称	英文名称	质量标准	检测标准
17.001	苯甲酸	benzoicacid	GB 1886.183—2016	GB 5009.28—2016
17.002	苯甲酸钠	sodiumbenzoate	GB 1886.184—2016	GB 5009.28—2016
17.003	山梨酸	sorbicacid	GB 1886.186—2016	GB 5009.28—2016
17.004	山梨酸钾	potassiumsorbate	GB 1886.39—2015	GB 5009.28—2016
17.005	丙酸钙	calciumpropionate	GB 25548—2010	GB 5009.120—2016
17.006	丙酸钠	sodiumpropionate	GB 25549—2010	GB 5009.120—2016
17.007	对羟基苯甲酸乙酯	ethylp-hydroxybenzoate	GB 5009.31—2016	
17.009（i）	脱氢乙酸	dehydroaceticacid	GB 29223—2012	GB 5009.121—2016
17.009（ii）	脱氢乙酸钠	sodiumdehydroacetate	GB 25547—2010	GB5 009.121—2016
17.010	乙氧基喹	ethoxyquin	GB 1886.225—2016	GB/T 5009.129—2003
17.011	仲丁胺	secondarybutyamine		
17.012	桂醛	cinnamaldehyde	GB 28346—2012	
17.013	双乙酸钠	sodiumdiacetate	GB 25538—2010	GB 5009.277—2016
17.014	二氧化碳	carbondioxide	GB 1886.228—2016	
17.019	乳酸链球菌素	nisin	GB 1886.231—2016	
17.022	联苯醚	diphenylether		

续 表

CNS 号	名 称	英文名称	质量标准	检测标准
17.027	2，4- 二氯苯氧乙酸	2,4-dichlorophenoxyaceticacid		
17.028	稳定态二氧化氯	stabilizedchlorinedioxide	GB 1886.248—2016	
17.029	丙酸	propionicacid	GB 1886.210—2016	
17.030	纳他霉素	natamycin	GB 25532—2010	GB/T 21915—2008
17.031	单辛酸甘油酯	caprylmonoglyceride	GB 1886.57—2016	SN/T 3930—2014
17.032	对羟基苯甲酸甲酯钠	sodiummethylp-hydroxybenzoate	GB 30601—2014	
17.033	二甲基二碳酸盐	dimethyldicarbonate	GB 1886.68—2015	
17.034	液态二氧化碳（煤气化法）	carbondioxide	GB 1886.228—2016	
17.035	溶菌酶	lysozyme	GB 1886.257–2016	GB/T 25879—2010
17.036	对羟基苯甲酸乙酯钠	sodiumethylp-hydroxybenzoate	GB 30602—2014	
17.037	ε - 聚赖氨酸	ε -polylysine		
17.038	ε - 聚赖氨酸盐	ε -polylysinehydrochloride		

表 2　常见防腐剂种类及其适用范围

食品防腐剂种类	使用范围
苯甲酸 苯甲酸钠	碳酸饮料、低盐酱菜、酱类、蜜饯、葡萄酒、果酒、软糖、酱油、食醋、果酱（不包括罐头）、果汁（味）型饮料、食品工业用塑料桶装浓缩果蔬汁

食品防腐剂种类	使用范围
山梨酸 山梨酸钾	除上述外，还包括鱼、肉、蛋、禽类制品、果蔬类保鲜、胶原蛋白肠衣、果冻、氢化植物油、鱼干制品、即食豆制品、糕点、馅、面包、蛋糕、月饼、即食海蜇、乳酸菌饮料
丙酸钙	生面湿制品（切面、馄饨皮）、面包、食醋、酱油、糕点、豆制食品
丙酸钠	糕点、杨梅罐头加工
对羟基苯甲酸丙酯	果蔬保鲜、食醋、碳酸饮料、果汁（味）型饮料、果酱（不包括罐头）、酱油、酱料、糕点馅、蛋黄馅
脱氢乙酸	腐乳、酱菜、原汁桔浆
双乙酸钠	谷物、即食豆制品
二氧化碳	碳酸饮料、汽酒类
乳酸链球菌素	罐头、植物蛋白饮料、乳制品、肉制品
过氧化氢	生牛乳保鲜（限于黑龙江、内蒙古地区使用）、袋装豆腐干

实验六　天然防腐剂的应用及性能测试

食品防腐剂分为天然防腐剂和人工化学合成防腐剂。人工化学合成防腐剂的成本比天然食品防腐剂低很多，加上天然防腐剂存在效价低、用量大和抗菌实效短等缺点，导致长期以来在食品生产中合成防腐剂的使用占主导地位。但是，合成防腐剂存在一定的毒性，对人体有害，甚至有致癌的危险，而天然防腐剂具有抗菌性强、安全无毒、水溶性好及作用范围广等人工合成防腐剂没有的优点。随着人们生活水平的提高和科学技术的进步，人们越来越关注天然防腐剂。

一、实验目的

（1）掌握天然防腐剂的特性及使用方法。

（2）掌握防腐剂的使用标准。

（3）培养学生的实验设计能力、独立分析和解决问题的能力及综合运用知识的能力。

（4）体会实践出真知，培养学生的创新意识、问题意识与创新精神。

二、实验内容与原理

（1）天然防腐剂的选择。

（2）复配一种天然防腐剂。

（3）防腐能力的测定。

三、实验流程指导

（1）查阅文献资料，了解常用天然防腐剂的特性和应用方式。

（2）设计实验验证天然防腐剂的防腐性能并与人工合成防腐剂进行比较。

四、思考题

怎样寻找新型天然防腐剂并测试其防腐性能？

五、参考资料

壳聚糖、乳酸链球菌素、茶多酚对酸奶货架期菌落总数的影响。

分别称取一定量的壳聚糖、乳酸链球菌素、茶多酚均匀溶解于 100 g 发酵完成的酸奶中，同时分别称取同样量的无菌水加入酸奶中作为对照，混匀后无菌灌装，每隔 2 d 测定样品及对照组的菌落总数，分析各种天然防腐剂的防腐效果。

天然植物多酚物质抑菌效果，见表 1。

表 1　天然植物多酚物质抑菌效果

植物多酚种类	食源性致病微生物	最小抑菌浓度
大黄多酚	葡萄菌属	125 ～ 250 pg/mL

植物多酚种类	食源性致病微生物	最小抑菌浓度
香柏木多酚	粪肠球菌和枯草芽孢杆菌	0.625 mg/mL
石榴皮多酚	金黄色葡萄球菌	3.9 mg/mL
	大肠杆菌	15.6 mg/mL
紫椎多酚	志贺氏杆菌	100 mg/mL
	大肠杆菌	100 mg/mL
	粪肠球菌	12.5 mg/mL
	奇异变形杆菌	12.5 mg/mL
	伤寒沙门氏菌	25 mg/mL
枣椰树花粉多酚	单增李斯特菌	0.98 mg/mL
	金黄色葡萄球菌	1.95 mg/mL
牛蒡多酚	大肠杆菌、金黄色葡萄球菌和沙门氏菌	6.25%
	黑曲霉	12.50%
	枯草芽孢杆菌	12.50%
	根霉	25.00%
秦冠叶多酚	大肠杆菌、金黄色葡萄球菌、鼠伤寒沙门氏菌	25 ug/mL
	志贺氏菌和阪崎肠杆菌	50 ug/mL
蓝莓叶多酚	金黄色葡萄球菌、大肠杆菌、单增李斯特菌、鲍氏志贺氏菌	<4.65 mg/mL
	肠炎沙门氏菌、枯草芽孢杆菌	<9.3 mg/mL
茶多酚	革兰氏阴性杆菌	313 ～ 625 mg/L
	革兰氏阳性杆菌	156 ～ 5 000 mg/L

植物多酚种类	食源性致病微生物	最小抑菌浓度
菱茎多酚	金黄色葡萄球菌	6.25 mg/mL
	蜡样芽孢杆菌	3.13 mg/mL
	大肠杆菌	0.2 mg/mL
	腐败希瓦氏菌	0.39 mg/mL
	青霉	1.56 mg/mL
橄榄多酚	阪崎克罗诺杆菌	0.625 ～ 1.250 mg/mL
	蜡样芽孢杆菌	0.625 mg/mL

实验七 天然色素的开发及性能测试

食用色素是使食品着色或改善食品色调和色泽的食品添加剂，尽管食品中色素含量甚微，但其对食品质量、品质的影响却非常大。天然色素系微生物、动植物物质和能量代谢物质，对人及动植物的生长、发育起着重要的生理作用。

天然色素作为重要的食品添加剂，它的特点如下：绝大多数天然色素无副作用、安全性高；很多天然色素中含有人体必需的营养物质或其本身就是维生素或具有维生素性质的物质，如 β-胡萝卜素；有的具有医疗保健作用，如黄酮类色素，它对心血管系统疾病及其他多种疾病有防治作用；天然色素色调比较自然，接近于天然物质，具有较高的实用价值和经济价值。

一、实验目的和要求

（1）了解天然色素的特性。

（2）了解常用天然色素的使用方法。

二、实验内容与原理

（1）天然色素的选择和提取。

（2）色素着色能力测试。

三、实验流程指导

（1）查阅文献资料，了解常用天然色素的特性和应用方式。

（2）设计实验验证天然色素的着色能力并与人工合成色素进行比较。

四、思考题

怎样寻找新型天然色素？

五、参考资料

1. 天然色素的提取技术

天然色素的提取：通常采用在一定温度条件下，在提取罐中溶剂浸泡、沥滤、渗滤等方法。这些常规浸提法有工艺简单、设备投资少、提取操作简单、便于生产的优点，但存在浸提时间长、劳动强度大、原料预处理能耗大、产品质量不太理想（色素溶解性差、色泽变化较大）等缺陷，存在大量溶剂回收导致产品生产成本高的问题。

（1）浸提法。工艺流程：原料采集—筛选—水洗—干燥—原料处理—浸提—分离纯化—干燥浓缩—制品化。

绝大多数天然色素都可采用浸提法提取。它的操作过程如下：①利用在一般条件下制得的色素成品，用紫外－可见分光光度计测得天然色素的最大吸收峰所对应的波长，以此波长为测定标准，对浸提剂种类、浸提剂浓度、浸提温度、浸提时间、浸提液 pH 和料液比这六个因子进行较大范围的单因子试验，得到各单因子的最佳条件；②以单因子最佳条件为中心，向两边扩展，选择各个因子的具有代表性的若干个水平（一般是四个水平）进行正交试验，以确定试验因子对试验结果的综合影响和各因子对色素提取影响的大小；③利用不同浸提次数所对应的总提取率，确定其最佳浸提次数。三者综合起来就得到该种天然色素的最佳浸提工艺。

（2）酶反应法。通过酶反应产生所需要的颜色。例如，栀子果实提取的黄色素，在食品加工中经酶处理产生栀子蓝色素、栀子红色素。

（3）压榨法。利用挤压方法，将粉碎的新鲜材料中的天然色素成分挤压出来，此法适宜用于水溶性色素提取，如苋菜红色素的提取。

（4）熬煮法。将本来无色的物质或非需要色的物质，经熬煮转化成需要色的物质，如焦糖色素。

（5）超声提取法。有关超声强化提取姜黄色素和栀子黄色素的研究表明，该法浸取率比常规法提高 11% ～ 41%，而且时间减少。关于超声浸取时间、温度对色素提取率的影响也有类似趋势，随着时间、温度的增加提取率增加，但当达到一定水平后提取率反而会下降。

（6）微波提取法。微波提取法的高效率已被证实，但尚未见用于食用色素工业化生产的报道。

（7）超临界萃取法。利用临界状态流体的高渗透、高溶解能力的超临界萃取法一直是人们研究的热点。

（8）多级或连续浸取技术。多级浸取，特别是连续浸取技术在技术原理上比间歇浸取技术有无可比拟的优势，不但可以同时实现高浓度、高浸取率、高浸取效率，而且能耗低、工人劳动强度低、易于实现自动控制。多级浸取叶绿素和 B– 胡萝卜素的得率比单罐间歇提取提高 16% ～ 56%，技术优势明显。

（9）高压提取技术。经研究发现，在 100 ～ 250 MPa 范围内，高压预处理的压力越高，天然植物色素浸取效果越好，处理次数越多，浸取效果越好，l5 ～ 45 min 高压处理时间的影响不明显，以乙酸乙醋为溶剂从番茄中提取番茄红素的前 3 次提取量是未经高压处理时的 4.8 倍，用高压预处理可有效提高天然色素的提取效率。但是，高压处理影响天然植物色素提取的机理研究尚未开展，设备投入和操作费用可能成为工业化应用的障碍。

（10）酶法辅助提取技术。植物色素多处于细胞内，纤维素酶、半纤维素酶、果胶酶可以使其细胞壁及细胞间质中的纤维素、半纤维素、果胶等物质降解，使细胞壁及细胞间质结构发生局部疏松、膨胀、崩溃等变化，减小胞内有效成分（色素）向溶剂扩散的阻力，提高了色素提取率。

2. 色素结构与性能研究

（1）色素稳定性研究。色素稳定性研究包括温度、酸碱性、金属离子、光照、氧化还原剂、糖、淀粉、盐、柠檬酸和小苏打等食品配料和食品添加剂的影响。

（2）改性研究。对脂溶性色素进行改性，增加色素水溶性、稳定性和染着力，扩大其使用范围，提高其使用价值，以减少其包装、运输和保存中的困难。

（3）功能性研究。在药典记载的天然色素植物有红花、栀子、蓼蓝、姜黄、苏木、五加皮、紫草、郁金、茜草、皂荚、大血藤、光叶菝葜、葡萄、橘红、金樱子等品种。这些植物色素大多具有消炎杀菌的功效，其来源也很广泛。

（4）染色性能研究。食品原料众多，性质各异，对染色性能影响差异很大，极性、电荷间的库仑力等弱作用力都是影响染色性的因素。

实验八　食品中漂白剂的测定

一、实验目的

在食品的加工生产中，为了使食品保持特有的色泽，常加入漂白剂，目的是依靠其所具有的氧化或还原能力来抑制、破坏食品的变色因子，使食品褪色或免于发生褐变。在食品的加工过程中，国家一般要求漂白剂除对食品的色泽有一定作用外，对食品的品质、营养价值及保质期均不应产生不良的改变。

我国国家标准规定：饼干、食糖、粉丝、粉条残留 SO_2 含量不得超过 50 mg/kg；蘑菇罐头、竹笋、葡萄酒等不得超过 25 mg/kg。SO_2 本身没有营养价值，不是食品不可缺少的成分，如果使用量过大，对人体的健康会带来一定影响。当溶液为 0.5% ～ 1% 时，SO_2 即产生毒性，一方面有腐蚀性，另一方面破坏血液凝结作用并生成血红素，最后使神经系统麻痹。

二、实验指导流程

（1）样品采集：采集不同类型、来源的食品，并做好记录。

（2）根据样品所属的食品类型进行分组。

（3）根据食品的配料表，查找其是否使用了漂白剂，并指出其使用了何种漂白剂。

（4）查阅文献资料，对食品中的漂白剂进行检测。

三、实验结果

结合试验数据判断食品中是否使用了漂白剂，漂白剂使用是否符合标准，是否存在超量、超范围使用漂白剂的情况。

四、思考题

（1）哪种类型或来源的食品容易出现违规使用漂白剂的情况？

（2）怎样避免买到漂白剂超标的食品？

五、参考资料

从作用机理来看，漂白剂分为两类：还原型（SO_2、亚硫酸钠、亚硫酸氢钠、焦亚硫酸钠等）；氧化型（H_2O_2、次氯酸等）。测定还原型漂白剂的方法有盐酸副玫瑰苯胺比色法（国标法）、滴定法（中和法）、碘量法、极谱法、高效液相色谱法。测定氧化型漂白剂的方法有滴定法、比色定量法、高效液相色谱法、极谱法。

实验九 食品中营养强化剂的检测

一、实验目的

根据营养需要向食品中添加一种或多种营养素或者某些天然食品，提高食品营养价值的过程被称为食品营养强化，简称食品强化。这种经过强化处理的食品被称为强化食品。所添加的营养素或含有营养素的物质（包括天然的和人工合成的）被称为食品营养强化剂。

了解食品营养强化剂的使用标准。

二、实验指导流程

（1）样品采集：采集不同类型、来源的食品，并做好记录。

（2）根据样品所属的食品类型进行分组。

（3）根据食品的配料表，查找其是否使用了营养强化剂，以及使用了何种营养强化剂。

（4）查阅文献资料，对食品中的营养强化剂进行检测。

三、实验结果

结合试验数据判断食品中是否使用了营养强化剂，营养强化剂使用是否符合标准，是否存在超量、超范围使用营养强化剂的情况。

四、思考题

营养强化剂是否可以在食品中随意添加？

实验十　粮食掺伪鉴别检验

一、实验目的

近年来，随着人民生活水平的提高，人们对食物的追求由温饱向要求高质量转变，这就有力地促进了食品工业的迅速发展。但与此同时，有些食品生产经营者为了牟取暴利，不在食品的质量上下工夫，而是采取不法手段以次充好、以劣充优、以假乱真，对食品进行掺伪（掺假、伪造的总称）。"毒豆腐皮事件""阜阳假奶粉事件""龙口粉丝掺假事件"等给百姓健康造成了极为严重的影响。

二、实验指导流程

（1）样品采集：采集不同类型、来源的各种粮食及其制品，并做好记录。

（2）根据样品所属的食品类型进行分组。

（3）查阅文献资料，了解都有哪些常见的粮食掺伪方式及其检测方法。

三、实验结果

结合试验数据判断粮食样品中是否存在掺伪情况。

四、思考题

（1）哪种类型或来源的食品容易出现掺伪的情况？

（2）怎样避免买到掺伪的粮食及其制品？

五、参考资料

1. 食品掺伪的方式及手段

（1）掺兑：向食品中掺入一些非本身固有的成分或外形相似的物质（一般用于液态食品），如白酒、啤酒兑水，香油掺米汤，食醋加游离矿酸等。

（2）代替：用其他物质代替食品中的一部分或大部分，如用棉籽油代替花生油、用其他油代替小麻油、以马肉充牛肉等。

（3）抽取：从食物中抽取某种营养成分后冒充完整状态的食品出售，如从牛奶中抽取脂肪后制成的奶粉仍以"全脂乳粉"出售，小麦粉抽取面筋后掺入其他物质还充当小麦粉销售或掺入正常的小麦中销售。

（4）粉饰：将色素、颜料、香精及其他禁用的添加剂对质量低劣的或所含营养成分低的食品进行调味、调色处理后充当正常食品出售，以此来掩盖低劣的产品质量。

（5）混充：在变质食品中加入一部分同类食品，试图以正常的食品掩盖变质食品而混充销售，如将部分霉变大米混充在好大米中出售。

（6）混入：在正常食品中混入一些非食品固有成分的异物，以增加其重量，如在黑木耳中加饴糖，银耳用卤水、糖水浸泡等。

（7）假冒：采用标签说明与内包装食品品质、种类、成分不符的商品标志，出售假食品，如假奶粉、假香油、假麦乳精、假糯米、假藕粉等，假冒食品虽对人体并不一定有直接危害，但无论在什么情况下，这都是一种欺骗行为。

2. 粮食中常见的掺伪检验技术

（1）大米质量的感官鉴定。新鲜优质大米：米粒呈清白色或精白色，富有光泽，呈半透明状；米粒大小均匀，坚实丰满，粒面光滑、完整，韧性强，不易断裂，很少有碎粒、爆腰（米粒上有裂纹）、腹白无虫，不含杂质；用嘴哈热气，然后即可嗅其气味，具有正常的清新香气，无其他异味。

（2）面粉质量的感官鉴定。新鲜优质面粉：面粉色泽呈白色或微黄色，不发暗，无杂质的颜色；呈细粉末状，不含杂质，手指捻捏时无粗粒感，无虫子和结块，置于手中紧捏后放开不成团；无其他异味；细嚼味道可口，淡而微甜，没有发酸、刺喉、发苦、发甜及外来滋味，咀嚼时没有砂声。

（3）谷物和面粉中常见的掺伪检验方法。

糯米中掺大米的快速定性检验：

原理：碘与淀粉的呈色反应。碘遇淀粉能形成复合物，其颜色随聚合度的不同而不同。大米遇碘呈蓝色，糯米遇碘呈棕色，以此可鉴别糯米中掺大米的量。

操作方法：取数十粒米样加水洗净、淋干，放入白瓷蒸发皿加入碘溶液、摇匀后观察米粒染色情况。

评价与判断：若呈棕褐色则大米中掺入糯米；呈深蓝色则为精大米。

小米（黄米）掺伪检验技术：

掺伪主要表现为通过碱煮、姜黄染色等手段以次充好。

操作方法：将 10 g 小米放入研钵加 10 mL 无水乙醇研匀，取出 5 mL 研磨液放入试管加 2 mL 10% 氢氧化钠，摇匀，观察样品颜色。

判断与评价：样品有橘红色的出现证明有姜黄存在。

大豆粉、豆制品（豆腐、豆浆）掺玉米粉的检验：

原理：大豆粉的主要成分是蛋白质，淀粉较少；玉米粉的主要成分是淀粉，利用淀粉与碘的反应可以检验出大豆粉中是否掺有玉米粉。

操作方法：取 1 g 样品加少量 H_2O 调成糊，放入烧杯加 50 mLH_2O 煮沸约 1 min，放冷，取糊化溶液约 5 mL 放入试管加数滴碘溶液，最后观察试管内颜色。

评价与判断：若显淡绿色则为纯大豆粉，显蓝色则其中掺有玉米粉。

3. 常用感官鉴定的方法

（1）视觉鉴定法：利用眼睛鉴定粮油品质。

视觉鉴定法的鉴定内容：主要鉴定粮油的品种、粒形、色泽、饱满程度、杂质含量、不完善粒、容量、千粒重、出糖率、含油量、加工精度等项目。在视觉鉴定时，采取点面结合、上下结合，既要有重点，又要全面。

具体做法：先将视线集中在一点仔细观察，然后进行全面观察，并与一点相比较，以确定粮油品质优劣。

实例：看杂质时，首先估量被检样品数量多少，观察其含杂情况，然后将手或样品盘成斜面，慢慢抖动，待粮粒流完后，再观察手或样品盘中留有杂质的多少；用眼判断粮油水分多少时，可观察粮油籽粒表面状况及籽粒表面光泽强弱。

在采用视觉鉴定时，要注意以下几点：①鉴定粮油色泽时，应注意光线强弱对色泽的影响，避免在日出前、日落后和微弱的灯光下进行。②在室内外鉴定时，应避开日光直射（因光线太强，会使粮食失去原有品质的色泽），在散射光下进行。③在视觉鉴定时，应全面、仔细地观察，并注意品种不一、干湿不匀、上好下次、掺杂掺伪等情况。④如因观察时间过长，视觉疲劳，可闭眼稍作休息，解除疲劳后再进行检验。

（2）听觉鉴定法：利用耳听粮食和油料在翻动时或齿碎时发出的声响来判断粮食、油料水分的多少和品质好次。在鉴定时，将粮食、油料籽粒在手中紧握或碾压和粮粒自由落下时所发出声音的响亮程度来判断粮食、油料的干湿程度。如粮粒从高处向低处流落时发出的声音响亮爽脆，则水分较少；反之，声音微弱沉闷，则表明水分多。

（3）嗅觉鉴定法：利用鼻闻鉴定粮油气味，从而判断其品质好坏。

具体方法：①在打开粮包或打开仓门进仓时，立即嗅闻；②将粮食、油料样品放于手掌心中立即嗅味；③必要时以嘴哈气加温闻；④可将粮食或油料样品放入密闭容器内，在60℃～70℃的温水浴中保温数分钟，取出，开盖嗅辨其气味。

各种正常的粮食或油料都具有本身特殊的气味。新鲜而正常的粮食、油料都具有一种清香味，这种气味随着储存时间的延长而逐渐减弱，其原因除了粮食自身变化外，还有外界条件的影响，所以新粮和陈粮的气味不同。例如，发过热的粮食有酒精味；发过霉的粮食有霉味和酸味；发芽的粮食有甜味；粮食、油料在收获、储存、运输过程中如接触有气味的物质（农药、化肥、煤油等），其就会被粮油吸附带有特别异味。

在鉴定粮食、油料气味时，特别应注意温度与气味的关系。各种气味在低温下都比较清淡甚至会消失；在温度增高时，气味会变得浓而显著。

（4）味觉鉴定法：利用口来品尝辨别粮油的滋味，从而判断其品质好次。

每一种粮食、油料的正常籽粒都具有独特的滋味，这种滋味通常是不显著的，只有经过反复实践才能辨别。滋味有酸、甜、苦、辣、咸多种，由于味觉和嗅觉的协调作用，便产生了各种不同的滋味。例如，霉坏的籽粒常常带有酸霉味；发过热的常带有苦味；发芽的常带有甜味。感染外来的其他异味也可被识别，如粮食、油料在收获、储存、运输过程中如接触有气味的物质（农药、化肥、煤油等），其就被粮油吸附带有特别异味。

鉴别滋味的方法：先将少量干净的粮粒碾碎，取碾碎的粮样2g左右，放入口中慢慢细嚼辨别滋味，或将试样制成熟食辨别滋味。利用味觉鉴定粮油品质应戒烟、酒，而且在鉴别前要漱口，鉴别时用舌尖辨别滋味，从而推断粮粒品质的好坏。

注：对严重霉变污染的粮油不能用味觉鉴定法。

（5）触觉鉴定法：利用手直接接触粮油时的感觉来判断粮油品质。

用手触摸粮食，根据粮食的软硬、冷热、滑涩、干湿等来判断粮油水分、杂质的多少及粮温高低。例如，将手插入粮堆或粮包内，感觉松散且阻力小，夏天觉得有凉气，抓时粮粒易从指缝中流落者水分较低；反之，手插入时感觉湿润而阻力大的，则说明水分高。

（6）齿觉鉴定法：利用牙齿咬粮食、油料或咀嚼粉状粮时的感觉来鉴定粮油品质的一种方法。

齿觉法主要用于判断粮食、油料水分多少和粒质的软硬程度及粉状粮食的含砂量等。比如，用牙咬碎时，若感觉籽粒坚硬、用力较大，听起来声音爽脆，看起来断面光滑（软质麦除外）的，则水分较少；若感觉籽粒松软、用力较小，听起来声音不爽脆，看起来断面起毛的，则水分较多；当感觉用力很小，听起来声音微弱，看起来断面呈片状的，则水分更多。齿觉法一般常用门齿或臼齿咬断或咬碎粮粒。

在实际运用时，粮油感官鉴定方法须将感官鉴定和仪器检验相结合，各感觉器官相互配合，协同运用，综合分析。

4. 感官鉴定粮油品质注意事项

（1）必须熟练掌握粮食检验操作规程。

（2）必须熟悉各种杂质、不完善粒检验项目的具体规定和解释。

（3）必须熟悉粮食质量标准，如分类、杂质、不完善、水分等的规定指标。

（4）新粮收购前必须掌握当年当地的农情、品种，各乡镇粮食的质量和特点。

（5）在新粮收购时，必须制备出各品种、各等级的粮食标准样品，方便对照检验。

（6）感官检验结果必须经常与仪器检验对照，有偏差及时纠正，从中积累经验。

（7）工作要集中精力，认真进行质量评定，严格执行技术标准及检验规程，以便最大限度地缩小感官检验误差。

（8）感官检验要避免工作时间长，要适当休息，否则会出现"一眼高、一眼低"的情况。

（9）在检验粮食色泽、气味和滋味的过程中，须保证视力、嗅觉和味觉正常，个人反应灵敏。

（10）检验室周围要避免红、黄、绿三色的存在，外界或室内要保持散射自然光，避免在强光或弱光下工作。

5. 工作中常接触到的粮食指标的感官判断

（1）感官判断粮食容重。粮食籽粒在单位容积内的质量称为容重，单位用 g/L 表示。

触觉检验法：用手抓一把粮食，掂其分量，感觉其光滑、沉重有分量，说明容重较大，反之则较小。

视觉检验法：看色泽，不成熟的粮粒粒面生皱且颜色呆白，光泽不好或无光泽，容重低；看粒形，粒大、饱满且匀称的粮食容重大；看不完善粒含量，如果不完善粒比例小，则容重较大；看质地，随机取粮食籽粒数粒，用刀片将粮粒横向切断，看质地结构，估算硬质粮粒比例。硬质粮粒质地紧密，容重大；软质粮粒质地疏松，硬度小，容重小。

齿觉检验法：随机取粮粒数粒，用门牙将其咬断，根据咬断时所用的力度和产生的响声，判断粮食的水分含量和质地软硬。水分较少、质地坚硬的粮食，容重大。

（2）感官判断粮食水分。粮食水分是指粮食试样中水分的质量占试样质量的百分比。

触觉检验法：用手插入粮食中，并抓满一把，紧紧握住并用力使手掌内的粮食转动。手插入粮食中的阻力大小，对于同种粮食来说，手插入较为容易的，表明水分较少；脆滑还是滞涩，脆滑、松爽者干燥，反之则潮湿；刺手程度，手掌感觉硬且刺手，水分较少；反之，则水分较多；凉热程度，手掌感觉温热时水分较少，反之则水分较多。

齿觉检验法：用牙咬时感觉坚硬，响声清脆，一咬两段，则水分较少。如咬断时粮粒发软且疏松，响声轻、浊，则水分多；如咬断时粮粒呈粉状或将粮粒咬扁，则水分很多。齿觉检验水分时，要注意区分粮食自身的质地状况，相同含水量的粮食，硬质粒比软质粒更坚硬，用门牙咬断粮粒时所用的力度更大，声音也更清脆。

视觉检验法：

稻谷：取一定数量的稻谷，放在手木臼内碾出糙米，吹去谷壳看糙米，如出糙容易，糙米饱满、光洁、完整、碎粒少，说明稻谷水分较少；如出糙不匀，糙米表面毛糙，碎粒多，则说明稻谷水分较多。

小麦：通过看麦粒的表皮来判断水分的多少，如表皮紧缩、色泽淡黄或淡红且均匀一致时，水分较少。还可通过看麦粒用门牙咬断时的断面情况，如断面光洁、一咬两段，则水分符合标准；反之，则水分较多。

玉米：主要看玉米胚部，胚紧缩起皱，蒂松脆易断，则其所含水分符合标准。

（3）感官判断粮油杂质：夹杂在粮食中没有使用价值的物质和影响粮食质量的异种粮粒。

视觉检验法：通过查看粮粒表面，检查粮粒表面的清爽程度，以及各类杂质、无食用价值的粮食和异种粮粒的数量、比例。需要注意的是，有机杂质（如粮食和油料植株的根、茎、叶、颖等）往往质轻，多留在粮食表层，比较醒目，但不一定会使杂质超标。也可用手插入粮食中，并顺手抓出一把样品，向上松开手掌，轻轻抖动手掌使粮粒徐徐下落，看手掌心和指缝间的泥沙含量。如很少，则含量在1%以内；如较明显，则超过1%。对于中粒粮和大粒粮，因粒间孔隙较大，因而杂质往往在包装的或粮堆的中下部，手插取样时应尽量深入中下部。

选筛辅助检验法：随机取样品约250 g，把被检粮食放入选筛中筛动，套上筛底和筛盖，用力筛理片刻后，使粮食和杂质分离，然后检查筛底中的筛下物含量，估测杂质百分率。

瓷盘辅助检验法：把粮食放在磁盘中摊平，通过抖动瓷盘，使杂质集中到瓷盘的下面，然后移开粮食，看盘中杂质多少判断粮食优劣。

（4）感官判断稻谷出糙率：稻谷出糙率是净稻谷脱壳后的糙米质量占试样质量的百分比，其中不完善粒折半计算。

触觉检验法：用手抓一把稻谷，摊平在手掌上掂量，感觉其分量。然后，观察稻谷的成熟度、饱满度。

手木砻辅助检验法：用手木砻将试样脱粒出糙，通过观察稻米的色泽、外观、稻壳的厚薄、不完善粒的多少来判断稻谷出糙率大小。

糙米的色泽：糙米色泽以颜色鲜艳，浅黄色、光泽明显为佳。

糙米的外观：通过观察糙米籽粒是否饱满、均匀，纵向沟纹深浅和腹白大小等，判断其好坏。如果糙米颗粒大、均匀、饱满、纵向沟纹浅、腹白小、光泽好，则出糙率高。

稻壳的厚薄：如果稻壳的内外颖厚，则出糙率就会偏低。

不完善粒的含量：看糙米中死青米（外观呈淡青色，既无光泽又不透明，外观全部为粉质的颗粒）、灰质米（外表白色无光泽，里面皱缩粗糙，外观全部为粉质的颗粒）等未熟粒的多少和虫蚀、病斑、生芽、生霉粒所占的比例。不完善粒含量低的稻谷出糙率高。

6. 感官判断粮食新旧的方法

（1）小麦。

形态色泽：如果是新小麦，籽粒饱满、胚乳充实、色泽光亮、粒色较深，多数麦毛较松散且发白。随着储藏时间的延长，小麦籽粒的体积变小，麦粒光泽度明显下降，粒色较暗、表皮皱褶，有的麦毛发灰。

气味：取一定数量小麦样品放于样品盘中，用嘴对其直接呵气并立即嗅辨其气味是否正常。如果是新小麦，就有特有的香味。随着储藏时间的延长，由于小麦本身的品质发生变化和对粮堆内各种气体的吸附渐多、渐杂，原来的香味越来越淡，甚至出现异味，如臭味、霉味和腥味等。

比对：将试样与已知确切生产年份的标准小麦进行对比，仔细观察小麦的形态、色泽和气味是否与标准样品一致。

（2）稻谷。

壳色：在同等条件下，多存一年的稻谷壳色显著加深，常温保管 3 年者壳色显著深红。

米皮：储存越久，糙米皮色越干褐，脱皮越难。

米色：储存越久，米色越暗，角质越干粗，米呈深褐色甚至黄变。

实验十一　蜂蜜掺假的鉴别检验

蜂蜜是一种农副产品，它受多种环境和条件的影响，蜜蜂采集花粉不同，其所酿出的蜜差别亦大。

一、实验目的

了解并掌握蜂蜜掺假的鉴别检验方法。

二、实验内容

搜集蜂蜜样品，通过资料搜集，了解蜂蜜可能掺假的行为方式，进行针对性的检测。

三、实验结果

判断样品中是否存在掺伪的情况。

四、思考题

（1）蜂蜜都有哪些常见的掺伪方式？

（2）哪种类型或来源的蜂蜜容易出现掺假的情况？

五、参考资料

1.蜂蜜的感官检验

量取 30 mL 样品，并将其倒入 50 mL 清洁、干燥的无色玻璃烧杯中，观察其颜色（以白底为背景），然后嗅、尝样品之味。气味和滋味的测定应在常温下进行，并在开瓶倒出后 10 min 内完成。同时，比较标准样品与待检样品的色泽、气味、滋味和结晶状况。

（1）看色泽：每一种蜂蜜都有固定的颜色，如刺槐蜜、紫云英蜜为水白色或浅琥珀色，芝麻蜜呈浅黄色，枣花蜜、油菜花蜜为黄色或琥珀色。纯正的蜂蜜一般色淡、透明度好，如掺有糖类或淀粉则色泽昏暗，液体混浊并有沉淀物。

（2）品味道：质量好的蜂蜜，嗅、尝均有花香；掺糖加水的蜂蜜，花香皆无且有糖水味；好蜂蜜吃起来有清甜的葡萄糖、果糖味，而劣质的蜂蜜蔗糖味浓。

（3）试性能：纯正的蜂蜜用筷子挑起来可拉起柔韧的长丝，断后断头回缩并形成下粗上细的塔头并慢慢消失；低劣的蜂蜜挑起后呈糊状并自然下沉，不会形成塔状物。

（4）查结晶：纯蜂蜜结晶呈黄白色，细腻、柔软；假蜂蜜结晶粗糙、透明。

下面介绍几种常见的蜂蜜色香味及结晶情况，据此我们可初步判断其是哪种蜂蜜。

紫云英蜜：呈淡白，微现青色，有清香，味鲜洁，甜而不腻，不易结晶，结晶后呈粒状。

苕子蜜：色味均与紫云英蜜相似，但不如紫云英蜜味鲜洁，甜味也略差。

油菜蜜：浅白黄色，有油菜花清香味，稍有混浊，味甜润，最易结晶，结晶呈浅黄色、油状。

棉花蜜：呈浅黄色，味甜而稍涩，结晶颗粒较粗。

乌桕蜜：呈浅黄色，具有轻微酵酸甜味，回味较重，润喉较差，易结晶，呈粗粒状。

芝麻蜜：呈浅黄色，味甜，清香度一般。

枣花蜜：呈中等琥珀色，深于乌桕蜜，蜜汁透明、味甜，具有特殊浓烈气味，结晶粒粗。

荞麦蜜：呈金黄色，味甜细腻，有强烈荞麦气味，颇有刺激性，结晶呈粒状。

柑橘蜜：品种繁多，色泽不一，一般呈浅黄色，具有柑橘香甜味，食之有微酸味，结晶粒粗、呈油脂状。

槐花蜜：色淡白，香气浓郁，带有杏仁味，甜味鲜洁，结晶后呈细粒状。

枇杷蜜：微黄或淡黄色，具有荔枝香气，有刺喉粗浊之感。

龙眼蜜：淡黄色，具有龙眼花香气味，没有刺喉味道。

橙树蜜：浅黄或金黄色，具特殊香味。

葵花蜜：浅琥珀色，味芳香、甜润，易结晶。

荆条蜜：白色，气味芳香，甜润，结晶后较细腻。

草木犀蜜：浅琥珀色或乳白色，浓稠透明，气味芳香，味甜润。

甘露蜜：暗褐或暗绿色，没有芳香气味，味甜。

山花椒蜜：深琥珀或深棕色，半透明黏液体，味甜，有刺喉异味。

桉树蜜：深琥珀色或深棕色，味甜有桉树异臭，有刺激味。

百花蜜：颜色深，是多种花蜜的混合蜂蜜，味甜，具有天然蜜的香气，花粉组成复杂，一般有5种以上花粉。

结晶蜂蜜：此种蜜多被称为春蜜或冬蜜，透明度差，放置日久多有结晶沉淀，结晶多呈膏状，花粉组成复杂，风味不一，味甜。

2. 蜂蜜掺水的检验

方法1（定性检验法）：取蜂蜜数滴，滴在滤纸上，观察滴落后是否很快湿润滤纸。优质的蜂蜜含水量低，滴落后不会很快浸渗入滤纸中；掺水的蜂蜜滴落后很快浸透、消散。

方法2（波美计检验法）：将蜂蜜放入口径4～5 cm的500 mL玻璃量筒内，待气泡消失后，将清洁、干燥的波美计较轻放入，让其自然下降，待波美计停留在某一刻度上不再下降时，即指示蜂蜜的浓度。测定时，蜂蜜的温度保持在15 ℃，纯蜂蜜浓度在42 °Bé以上。若蜂蜜的温度高于15 ℃，则要以增加的度数乘以0.05，再加上所测得的数值，即为蜂蜜的实际浓度。例如，蜂蜜温度为25 ℃时，波美计度数为41 °Bé，则实际浓度为41+（25-15）×0.05=41.5 °Bé；温度低于15 ℃时则相反。例如，蜜温为10 ℃时，波美计读数为41 °Bé，则蜂蜜实际浓度为41-（15-10）×0.05=40.75°Bé。

3. 蜂蜜中掺饴糖的检验

（1）原理：饴糖不溶于95% 乙醇溶液，出现白色絮状物。

（2）操作步骤：取蜂蜜2 mL于试管中加5 mL蒸馏水，混匀，然后缓缓加入95% 乙醇溶液数滴，观察溶液是否出现白色絮状物。若呈现白色絮状物，则说明有饴糖掺入；若呈混浊则说明正常。另外，掺有饴糖的蜂蜜味不甜。

4. 蜂蜜中掺蔗糖的检验

（1）物理检验。

将少许样蜜置于玻璃板上，用强烈日光曝晒（或用电吹风吹），掺有蔗糖的蜜会因为糖浆结晶而成为坚硬的板结块；纯蜂蜜仍呈黏稠状。

（2）理化检验。

原理：蔗糖与间苯二酚反应，产物呈红色；与硝酸银反应，产物不溶于水。

操作方法1：取蜂蜜1 mL加4 mL水，充分振荡搅拌。若有混浊或沉淀，滴加两滴1% 的硝酸银溶液，出现絮状物者，说明其掺入了蔗糖。

操作方法2：取蜂蜜2 mL于试管中，加入间苯二酚0.1 g。若呈现红色则说明掺入了蔗糖，同时做空白对照。

5. 蜂蜜中掺淀粉的检检方法

（1）感官检验。向蜂蜜中掺淀粉时，一般是将淀粉熬成糊并加些蔗糖后，再掺入蜜中。因此，这种掺伪蜜混浊且不透明，蜜味淡薄，用水稀释后仍然混浊。

（2）理化检验。

原理：淀粉遇碘液呈蓝色或紫色。

操作步骤：取样蜜5 mL，加20 mL蒸馏水，煮沸后放冷，加入碘试剂（取1～2粒碘溶于1%碘化钾溶液20 mL中）两滴，如出现蓝色或紫色，则说明掺入了淀粉类物质；如呈现红色，则说明掺有糊精；若保持黄褐色不变，则说明蜂蜜纯净。

6.蜂蜜中掺羧甲纤维素钠的检验方法

（1）感官检验。掺有羧甲基纤维素钠的蜂蜜一般都颜色深黄、黏稠度大，近似于饱和胶状溶液；蜜中有块状脆性物悬浮且底部有白色胶状颗粒。

（2）理化检验。

原理：羧甲基纤维素钠不溶于乙醇，与盐酸反应生成白色羧甲基纤维素沉淀；与硫酸铜反应产生绒毛状浅蓝色羧甲基纤维素沉淀。

操作步骤：取样蜜10 g，加20 mL95%乙醇溶液，充分搅拌（10 min），即析出白色絮状沉淀物。取白色沉淀物2 g，置于100 mL温热蒸馏水中，搅拌均匀，放冷备检。

取上清液30 mL，加入3 mL盐酸后产生白色沉淀为阳性；取上清液50 mL，加入100 mL1%硫酸铜溶液后产生绒毛状浅蓝色沉淀为阳性。若上述两项试验皆呈现阳性结果，则说明有羧甲基纤维素钠掺入。

实验十二　　油脂掺伪鉴别检验

油脂是人类食品的主要营养成分之一，不仅是人体很好的能量来源，还含有人体自身不能合成且必须摄自食物以维持健康的必需脂肪酸，如亚油酸、亚麻酸等。然而，个别不法企业、个人商贩为牟取暴利，在油脂中掺入低价油、非食用油等，以次充好，严重损害了消费者的利益和生命安全。

一、实验目的

了解并掌握油脂掺伪的鉴别检验方法。

二、实验内容

通过搜集油脂样品，了解油脂可能掺假的行为方式，并进行有针对性的检测。

三、实验结果

判断样品中是否存在掺伪的情况。

四、思考题

（1）油脂都有哪些常见的掺伪方式？

（2）哪种类型或来源的油脂容易出现掺伪的情况？

五、参考资料

1. 食用植物油中掺入矿物油的检验

（1）感官鉴定。

看色泽：一般食用油掺入矿物油后，色泽会比纯油的颜色要深一些。

闻气味：一般食用油掺入矿物油后，用鼻子能闻出其有特别的矿物油的气味，即使掺入的矿物油较少，气味不是那么明显，但仍会使食用油本身的气味变弱或者是消失。

尝味道：一般食用油掺入矿物油后，用舌头品有苦涩感。

（2）化学检验法。

原理：矿物油不会皂化。

检验方法：分别取 1 mL 花生油和 1 mL 含有 1% 矿物油的花生油放入 125 mL 锥形瓶中，取号为 1、2，都加入 1 mL60% 氢氧化钾溶液和 25 mL 无水乙醇，再将锥形瓶接上空气冷凝管，于水浴锅上回流皂化 5 min，皂化时，不时地摇荡使其加热均匀，取下锥形瓶，加入沸水 25 mL，用力摇匀。观察其变化，如果锥形瓶中的液体呈现混浊乳白色，则说明花生油中含有矿物油且矿物油不会皂化。

此检验方法可以检验出含量在 0.5% 以上的矿物油。如果是挥发性矿物油，在皂化时可以嗅出矿物油的气味。

2. 食用植物油中掺入蓖麻油的检验

（1）感官鉴别。将掺入蓖麻油的花生油放在烧杯中静置一段时间，可观测到油样自动分离成两层，辨别后得知花生油在上层、蓖麻油在下层。

（2）无水乙醇实验法。

原理：蓖麻油有着能与无水乙醇以任何比例混合的特性，而其他常见的食用油不具有这一特性。

检验方法：分别取含有 1%、2%、3%、4%、5%、6% 蓖麻油的花生油 6 mL，置于 10 mL 的刻度离心管中，取号 1、2、3、4、5、6，分别加入无水乙醇 5 mL，加塞，用力摇荡 2 min，去塞，将其放入离心器中，以 1 000 r/min 的速度离心 5 min，取出离心管，静置半个小时后，读出离心管下部的体积，如果小于 6 mL，则说明油样中含有蓖麻油。

此检验方法可检测出含量在 5% 以上的蓖麻油掺入，油样中蓖麻油的含量越多，离心管下部的油样体积就越小。

（3）呈色反应法。

原理：蓖麻油与硫酸反应，呈现淡黄色。

检验方法：取 5 滴花生油于白瓷碗中，滴加 3 滴硫酸，观其颜色变化。接下来，取 5 滴掺入少量蓖麻油的花生油，滴加 3 滴硫酸，观测其颜色。

3. 花生油中掺入棕榈油的检验

（1）原理：纯花生油具有正常花生油的色、香、味，在 280 ℃下加热后无变化；3 ℃下冷却，8 min 后成糊状。纯棕榈油具有正常棕榈油的色泽和气味，在白色容器中呈淡黄色，无黏性；用手摩擦后，有轻微气味；在 280 ℃下加热，色素明显退去，无香味，成液状；在 3 ℃下冷却，8 min 成固体；在常温（15 ℃～20 ℃）下呈固体，在 23 ℃～30 ℃下底层呈固体。

（2）检验方法：分别取含有 10%、15%、25%、35%、60% 棕榈油的花生油 10 mL 和纯棕榈油 10 mL、纯花生油 10 mL 放入试管中，分别取号为 1、2、3、4、5、6、7 号，置于早已调整温度为 3 ℃的冰块中，8 min 后，观察其变化。如果试管中的油样出现丝状固体，则说明油样中含有棕榈油。

4. 食用植物油中掺入桐油的检验

（1）亚硝酸法。

原理：亚硝酸可以使桐油氧化，产生絮状物，开始时呈现白色，放置一段时间后呈现黄色。

试剂：5 mol/L H_2SO_4。取 27.5 mL 浓硫酸（相对密度 1.84）缓缓倒入 72.5 mL 水中，搅拌均匀。

检验方法：分别准备三个试管，分别标记为 1、2、3，依次加入 8 mL 纯花生油、含有 1% 桐油的花生油、含有 2.5% 桐油的花生油，然后都加入 2 mL 石油醚，溶解试样（有必要时需要过滤），在溶液中加入 1 g 亚硝酸钠，再加入 1 mL 5 mol/L H_2SO_4 溶液，摇匀后放在试管架上静置一段时间。如果试管中的液体呈现黄色混浊状，则说明油样中含有桐油。

此方法适用于棉籽油、大豆油和颜色较深的食用植物油中掺入桐油的检验，但不适合芝麻油中掺入桐油的检验。

（2）硫酸法。

原理：桐油与浓硫酸反应，凝结成深红色固体，同时颜色不断加深，最后变成炭黑色。

检验方法：准备一个带有凹槽的白瓷板，在第一个凹槽中加入数滴纯花生油，在第二个凹槽中加入数滴含有 1% 桐油的花生油，然后分别向两个凹槽中加入两滴浓硫酸，放置 1～2 min，并观察这个过程。如果油样凝结成深红色固体，且颜色不断加深，最后变成炭黑色，则说明油样中含有桐油。

此方法适用于棉籽油、大豆油和颜色较深的食用植物油中掺入桐油的检验，但不适合芝麻油中掺入桐油的检验。

5. 芝麻油中加入菜籽油的检验

（1）感官鉴别。

观察法：分别取纯芝麻油和掺入少量菜籽油的芝麻油，置于烧杯中，分别在阳光下观测。

降温法：分别取纯芝麻油和掺入少量菜籽油的芝麻油，置于烧杯中，放在 –10 ℃的冰箱冷冻室中，一段时间后，观察其变化。

振荡法：分别取纯芝麻油和掺入少量菜籽油的芝麻油，置于试管中，用力振荡后，观察其变化。

（2）定性检验。硫酸反应法：准备一个带有凹槽的白瓷板，在第一个凹槽中放入纯芝麻油，在第二个凹槽中加入掺有菜籽油的芝麻油，然后分别滴加两滴浓硫酸，观察其变化。如果油样反应后呈现棕红色，则说明油样中含有菜籽油。

实验十三　酒类掺伪鉴别检验

酒是以粮食为原料经发酵酿造而成的直接入口的饮品，它的产品质量、卫生情况与人体健康的关系尤为密切。因此，酒类产品质量的鉴别检验极为重要。

一、实验目的

了解并掌握酒类掺伪的鉴别检验方法。

二、实验内容

白酒中的掺伪方式多是掺兑和假冒。最普通的是白酒中掺水，它对人体没什么大的危害，属于一般掺假。性质比较恶劣的是用工业酒精甲醇代替白酒中的乙醇。甲醇气味与乙醇相似，多用作化学助剂，可经呼吸道、胃肠道和皮肤吸收而导致饮用者中毒。甲醇的检验方法分为物理检验法和化学检验法，一般消费大众可以用感官评定。不同类型的白酒一般都具有各自的品种风格。白酒大都为无色，清亮透明，无悬浮物，无沉淀。不同香型的白酒按其香气可分为酱香型、浓香型、清香型、米香型。鉴定人可从外观、香气、口味等几个方面来评定白酒的优劣。除了从酒质来鉴别外，我们还可以从商标和包装等方面来鉴别。

三、实验结果

判断样品中是否存在掺伪的情况。

四、思考题

（1）白酒、红酒和啤酒都有哪些常见的掺伪方式？
（2）哪种类型或来源的酒类容易出现掺假的情况？

五、参考资料：啤酒的感官检验

1.酒样的准备

根据需要将酒样密码编号，并恒温至 12 ℃～ 15 ℃，以同样高度（距杯口 3 cm）和注流速度，对号注入洁净、干燥的啤酒评酒杯中。

2.酒样的感官检验

（1）外观。

透明度：将注入评酒杯的酒样（或瓶装酒样）置于明亮处观察，记录酒的清亮程度、悬浮物及沉淀物情况。

浊度：浊度测定方法参考 GB/T 4928—2008。

（2）泡沫。

形态：用眼观察泡沫的颜色、细腻程度及挂杯情况，做好记录。

泡持性：啤酒泡持性的测定方法参考 GB/T 4928—2008。

（3）香气和口味。

香气：先将注入酒样的评酒杯置于鼻孔下方，嗅闻其香气，摇动酒杯后，再嗅闻有无酒花香气及异杂气味，做好记录。

口味：饮入适量酒样，根据所评定的酒样应具备的口感特征进行评定，做好记录。纯正，没有双乙酰味、酵母味、氧化味、麦皮味、酸味及其他异味、杂味；柔和，指啤酒的香气和各种口味协调，不能有某一种口味太强或太弱；爽口，酒体协调、柔和，苦味愉快且消失迅速，没有后苦味、涩味、焦糖味和甜味；醇厚，酒体圆满且口味不单调；杀口，有二氧化碳的刺激感，清爽，口感不淡薄如水。

3.结果分析

根据外观、泡沫、香气和口味特征，写出评语，依据表1、表2中感官要求进行综合评定。

表1　淡色啤酒感官要求

项　目		优　级	一　般
外观[a]	透明度	清亮，允许有肉眼可见的微细悬浮物和沉淀物（非外来异物）	
	浊度/EBC ≤	0.9	1.2
泡沫	形态	泡沫洁白细腻，持久挂杯	泡沫较洁白细腻，较持久挂杯
	泡持性[b]/s 瓶装	180	130
	听装	150	110
香气和口味		有明显的酒花香气，口味纯正、爽口，酒体协调、柔和，无异香、异味	有较明显的酒花香气，口味纯正、较爽口，酒体协调，无异香、异味
a：对非瓶装的"鲜啤酒"无要求； b：对桶装（鲜、生、熟）啤酒无要求			

表2 浓色啤酒、黑色啤酒感官要求

项 目			优 级	一 般
外观 a			有光泽，允许有肉眼可见的微细悬浮物和沉淀物（非外来异物）	
泡沫	形态		泡沫细腻、挂杯	泡沫较细腻、挂杯
	泡持性 b/s	瓶装	180	130
		听装	150	110
香气和口味			有明显的麦芽香气，口味纯正、爽口，酒体醇厚，杀口，柔和，无异味	有较明显的麦芽香气，口味纯正、爽口，酒体醇厚，杀口，柔和，无异味
a：对非瓶装的"鲜啤酒"无要求； b：对桶装（鲜、生、熟）啤酒无要求				

实验十四　饮料掺伪的鉴别检验

果汁由于其营养丰富且口感较好深受广大消费者的喜爱，但果汁原料加工成本较高，某些生产者在加工过程中通过添加外来物质或稀释来掺假，以此牟取高额利润，给消费者的健康带来了危害。

一、实验目的

了解并掌握常见饮料掺伪的鉴别检验方法。

二、实验内容

搜集饮料样品，通过资料搜集，了解饮料可能掺假的行为方式，并进行有针对性的检测。

三、实验结果

判断样品中是否存在掺伪的情况。

四、思考题

（1）饮料都有哪些常见的掺伪方式？

（2）哪种类型或来源的饮料容易出现掺假的情况？

（3）针对饮料掺伪的情况如何进行快速检测？

五、参考资料

1. 汽水中掺洗衣粉的检验

（1）实验原理：洗衣粉是含十二烷基苯磺酸钠阴离子的合成洗涤剂。十二烷基苯磺酸钠与亚甲基蓝试剂反应，产物在三氯甲烷层呈现蓝色。

（2）仪器、用具及试剂：带塞比色管（50 mL）、吸管；亚甲基蓝溶液（称取亚甲蓝 30 mg，溶于 500 mL 蒸馏水中，再加入浓硫酸 68 mL 和磷酸二氢钠 50 g，溶解后用蒸馏水稀释至 100mL）。

（3）操作步骤：取饮料 2 mL 置于 50 mL 的带塞比色管中，加水至 25 mL，再加入亚甲基蓝溶液 5 mL，剧烈振摇 1 min，静置分层。如果三氯甲烷层呈现蓝色，则为阳性，说明其中掺入了洗衣粉。

2. 果胶质的检验

（1）原理：成熟果实中果胶质主要以可溶性果胶形式存在。果胶质可以从其水溶液中被酒精沉淀出来，由此可检验果胶质的存在。假果汁中没有果胶质存在。

（2）仪器、用具及试剂：100 mL 烧杯、吸管、量筒；5 mol/L H_2SO_4 溶液、95% 乙醇溶液。

（3）操作步骤：取待检果汁 10 mL 于 100 mL 烧杯中，加入蒸馏水 10 mL，5 mol/L H_2SO_4 溶液 1 mL 及 95% 乙醇溶液 40 mL，搅拌均匀后放置 10 min。如无絮状沉淀析出，则证明没有果胶质存在，即为伪造果汁饮料。同时，用真果汁饮料作为对照。

3. 还原糖的检验

（1）原理：果汁中的还原糖与斐林试剂反应，生成 Cu_2O 砖红色沉淀。

（2）仪器、用具及试剂：试管、电炉；斐林试剂甲、乙液。

（3）操作步骤：取样品 3 mL，置于试管中，加斐林试剂甲液（取硫酸铜 7 g，溶于水制成 100 mL 溶液）、乙液（取酒石酸钠 35 g、氢氧化钠 10 g，溶于水制成 100 mL 溶液）各 2 mL，加热观察。如含有真果汁试液呈砖红色沉淀；如无砖红色沉淀则为假果汁。

注：本法可查证真假果汁、真假含果汁汽酒等。真的果汁中应含有还原糖，因而可以通过检验还原糖的有无来识别真假果汁。但是，以蜂蜜代替果汁的则出现假阳性，此时可用镜检法来检查其沉淀物中的花粉。

附："三精水"的检验方法。"三精水"也称"颜色水"，是指以糖精、香精、色素代替蔗糖和果汁调配而成的假饮料。我们可以通过检验饮料中是否含有蔗糖来鉴别其是不是"三精水"。

操作步骤：取驱除二氧化碳后的样品 50 mL 于 250 mL 容量瓶内加水稀释至刻度，摇匀。取稀释液约 10 mL，置于 50 mL 锥形瓶中，加入浓盐酸 0.6 mL，置于水浴加热 15 min，取出放冷，滴加 30% 氢氧化钠溶液，调至中性，加斐林试剂甲、乙液加热观察。如含有蔗糖则试液呈砖红色沉淀；如无砖红色沉淀则为"三精水"。

实验十五　茶叶掺伪的鉴别检验

一、实验目的

了解常见的茶叶掺伪方式。

二、实验内容

搜集茶叶样品，通过资料搜集，了解茶叶可能掺假的行为方式，并进行有针对性的检测。

三、实验结果

判断样品中是否存在掺伪的情况。

四、思考题

（1）茶叶都有哪些常见的掺伪方式？

（2）哪种类型或来源的茶叶容易出现掺假的情况？

（3）针对茶叶掺伪的情况如何进行快速检测？

五、参考资料

1. 茶叶的掺伪方式

（1）掺杂法：掺入其他可食物质或非食品成分，以增重、降低成本等。例如，在茶叶中掺入其他树叶冒充茶叶，在真茶叶中掺入部分假茶叶、陈茶叶代替真茶叶，花茶掺假是将枯黄的劣质茶叶掺入好茶叶中。

（2）掩饰法：用劣质茶叶冒充名牌茶叶，以次充好，以假乱真。

2. 伪劣茶叶的掺伪

（1）成品茶叶中添加"铅铬绿"工业颜料，以期将其仿制成"碧螺春"。

（2）茶叶中添加滑石粉。

（3）用柳树叶加猪苦胆汁和香精制成苦丁茶。

（4）用"叶绿素"和"铁粉"等使茶叶的颜色变绿，提高茶叶的色泽度。

3. 茶饮料的掺伪方式

（1）茶饮料中茶多酚和咖啡碱指标不合格。

（2）超量使用食品添加剂。

（3）微生物卫生指标超标。

（4）产品的标签不符合要求。

4. 茶叶感官审评方法

（1）审评条件。评审环境符合 GB/T 18797—2012 的要求。

（2）审评设备。

审评台：干性审评台高度 800～900 mm、宽度 600～750 mm，台面为黑色亚光；湿性审评台高度 750～800 mm、宽度 450～500 mm，台面为白色亚光，评台长度视实际需要而定。

评茶标准杯碗：白色瓷质，颜色组成应符合 GB/T 15608—2006 中的中性色的规定，大小、厚薄、色泽一致。根据审评茶样的不同，审评杯碗可分为以下几种：

A. 初制茶（毛茶）审评杯碗：茶杯呈圆柱形，高 75 mm，外径 80 mm，容量 250 mL；茶碗具盖，盖上有一小孔，杯盖上面外径 92 mm，与杯柄相对的杯口上缘有一个呈锯齿形的滤茶口，口中心深 4 mm，宽 2.5 mm。茶碗高 71 mm，上口外径 112 mm；容量 440 mL。

B. 精制茶（成品茶）审评杯碗：茶杯呈圆柱形，高 66 mm，外径 67 mm，容量

150 mL；茶杯具盖，盖上有一小孔，杯盖上面外径 76 mm，与杯柄相对的杯口上缘有三个呈锯齿形的滤茶口，口中心深 3 mm，宽 2.5 mm，碗高 56 mm，上口外径 95 mm，容量 240 mL。

C. 乌龙茶审评杯碗：茶杯呈倒钟形，高 52 mm，上口外径 83 mm，容量 110 mL；茶碗具盖，盖外径 72 mm，碗高 51 mm，上口外径 95 mm，容量 160 mL。

评茶盘：由木板或胶合板制成，正方形，外围边长 230 mm，边高 33 mm。盘的一角开有缺口，缺口呈倒等腰梯形，上宽 50 mm、下宽 30 mm。涂以白色油漆，无气味。

分样盘：由木板或胶合板制成，正方形，内围边长 320 mm，边高 35 mm。盘的两端各开一缺口，涂以白色油漆，无气味。

叶底盘：黑色叶底盘和白色搪瓷盘。黑色叶底盘为正方形，外径边长 100 mm，边高 15 mm，供审评精制茶用；搪瓷盘为长方形，外径长 230 mm，宽 170 mm，边高 30 mm，一般供审评初制茶叶底用。

扦样匾（盘）：扦样匾，竹制，圆形，直径 1 000 mm，边高 30 mm，供取样用；扦样盘，木板或胶合板制，正方形，内围边长 500 mm，边高 35 mm。盘的一角开一缺口，涂以白色油漆，无气味。

分样器：木制或食品级不锈钢制，由 4 个或 6 个边长 120 mm、高 250 mm 的正方体组成长方体分样器的柜体，4 脚，高 200 mm，上方敞口、具盖，每个正方体的正面下部开一个 90 mm × 50 mm 的口子，有挡板，可开关。

称量用具：天平，感量 0.1 g。

计时器：定时钟或特制沙漏计时器，精确到秒。

其他用具。刻度尺：刻度精确到毫米；网匙：不锈钢网制半圆形小勺子，捞取碗底沉淀的碎茶用；茶匙：不锈钢或瓷匙，容量约 10 mL；烧水壶：普通电热水壶，食品级不锈钢，容量不限；茶筅：竹制，搅拌粉茶用。

（3）审评用水。审评用水的理化指标及卫生指标应符合 GB 5749—2006 的规定。同一批茶叶审评用水水质应一致。

（4）审评人员。茶叶审评人员应获有评茶员国家职业资格证书，持证上岗；身体健康，视力 5.0 及以上，持食品从业人员健康证明上岗；审评人员开始审评前应更换工作服，用无气味的洗手液把双手清洗干净，并在整个操作过程中使双手保持洁净；审评过程中不能使用化妆品，不得吸烟。

（5）审评。

取样方法：

A. 匀堆取样法：将该批茶叶拌匀成堆，然后从堆的各个部位分别扦取样茶，扦样点不得少于八点。

B. 就件取样法：从单件上、中、下、左、右五个部位各扦取一把小样置于扦样匾（盘）中，并查看样品间品质是否一致。若单件的上、中、下、左、右五部分样品差异明显，应将该件茶叶倒出，充分拌匀后，再扦取样品。

C. 随机取样法：按 GB/T 8302—2002 规定的抽取件数随机抽件，再按就件取样法扦取。

注：上述各种方法均应将扦取的原始样茶充分拌匀后，用分样器或对角四分法扦取 100～200 g 两份作为审评用样，其中一份直接用于审评，另一份留存备用。

审评内容：

A. 审评因子。初制茶审评因子：按照茶叶的外形（包括形状、嫩度、色泽、整碎和净度）、汤色、香气、滋味和叶底"五项因子"进行。精制茶审评因子：按照茶叶外形的形状、色泽、整碎和净度，内质的汤色、香气、滋味和叶底"八项因子"进行。

B. 审评因子的审评要素。外形：干茶，审评其形状、嫩度、色泽、整碎和净度。紧压茶，审评其形状规格、松紧度、匀整度、表面光洁度和色泽。分里、面茶的紧压茶，审评其是否起层脱面，包心是否外露等。茯砖，审评"金花"是否茂盛、均匀及颗粒大小。

汤色：审评茶汤的颜色种类与色度、明暗度和清浊度等。香气：审评香气的类型、浓度、纯度、持久性。滋味：审评茶汤的浓淡、厚薄、醇涩、纯异和鲜钝等。叶底：审评其嫩度、色泽、明暗度和匀整度（包括嫩度的匀整度和色泽的匀整度）。

审评方法：

A. 外形审评方法。

①将缩分后的有代表性的茶样 100～200 g 置于评茶盘中，双手握住茶盘对角，用回旋筛转法，使茶样按粗细、长短、大小、整碎顺序分层并顺势收于评茶盘中间呈圆馒头形，根据上层（也称面张上段）、中层（也称中段、中档）、下层（也称下段、下脚），按审评内容，用目测、手感等方法，通过翻动茶叶、调换位置，反复察看比较外形。②初制茶按①方法，目测审评面张茶后，审评人员用手轻轻地将大部分上、中段茶抓在手中，审评没有抓起的留在评茶盘中的下段茶的品质，然后抓茶的手反转、手心朝上摊开。将茶摊放在手中，目测审评中段茶的品质，同时用手掂估同等体

积茶（身骨）的重量。③精制茶按①方法，目测审评面张茶后，审评人员双手握住评茶盘，用"簸"的手法，让茶叶在评茶盘中从内向外按形态呈现从大到小的排布，分出上、中、下档，然后目测审评。

B. 茶汤制备方法与各因子审评顺序。

红茶、绿茶、黄茶、白茶、乌龙茶（柱形杯审评法）：取有代表性茶样 3.0 g 或 5.0 g，茶水比（质量体积比）1 : 50，置于相应的评茶杯中，注满沸水、加盖、计时，按表 1 选择冲泡时间，依次等速滤出茶汤。留叶底于杯中，按汤色、香气、滋味、叶底的顺序逐项审评。

表 1　各类茶冲泡时间

茶　类	冲泡时间 /min
绿茶	4
红茶	5
乌龙茶（条型、卷曲型）	5
乌龙茶（圆结型、拳曲型、颗粒型）	6
白茶	5
皇茶	5

乌龙茶（盖碗审评法）：沸水烫热评茶杯碗，称取有代表性茶样 5.0 g，置于 110 mL 倒钟形评茶杯中，快速注满沸水，用杯盖刮去液面泡沫，加盖。1 min 后，揭盖嗅其盖香，评茶叶香气，至 2 min 沥茶汤入评茶碗中，评汤色和滋味。接着，第二次冲泡，加盖，1～2 min 后，揭盖嗅其盖香，评茶叶香气，至 3 min 沥茶汤入评茶碗中，再评汤色和滋味。第三次冲泡，加盖，2～3 min 后，评香气，至 5 min 沥茶汤入评茶碗中，评汤色和滋味。最后，闻嗅叶底香，并将茶叶倒入叶底盘中，审评叶底。结果以第二次冲泡为主要依据，综合第一次、第三次，统筹评判。

黑茶（散茶）（柱形杯审评法）：取有代表性茶样 3.0 g 或 5.0 g，茶水比（质量体积比）1 : 50，置于相应的审评杯中，注满沸水，加盖浸泡 2 min，将茶汤沥入评茶碗中，审评汤色，嗅杯中叶底香气，尝滋味；然后，进行第二次冲泡，时间 5 min，沥出茶汤，依次审评汤色、香气、滋味、叶底。汤色以第一泡为主评判，香气、滋味以第二泡为主评判。

紧压茶（柱形杯审评法）：称取有代表性的茶样 3.0 g 或 5.0 g，茶水比（质量体积比）1：50，置于相应的审评杯中，注满沸水，依紧压程度加盖浸泡 2～5 min，将茶汤沥入评茶碗中，审评汤色，嗅杯中叶底香气，尝滋味；然后，进行第二次冲泡，时间 5～8 min，沥出茶汤，依次审评汤色、香气、滋味、叶底。结果以第二泡为主，综合第一泡进行评判。

花茶（柱形杯审评法）：拣除茶样中的花瓣、花萼、花蒂等花类夹杂物，称取有代表性茶样 3.0 g，置于 150 mL 精制茶评茶杯中，注满沸水，加盖浸泡 3 min，将茶汤沥入评茶碗中，审评汤色、香气（鲜灵度和纯度）、滋味。第二次冲泡 5 min，沥出茶汤，依次审评汤色、香气（浓度和持久性）、滋味、叶底。结果依据两次冲泡综合评判。

袋泡茶（柱形杯审评法）：取一茶袋置于 150 mL 评茶杯中，注满沸水，加盖浸泡 3 min 后，揭盖上下提动袋茶两次（两次提动间隔 1 min），提动后随即盖上杯盖，至 5 min 沥茶汤入评茶碗中，依次审评汤色、香气、滋味和叶底。根据叶底审评茶袋冲泡后的完整性。

粉茶（柱形杯审评法）：取 0.6 g 茶样置于 240 mL 的评茶碗中，用 150 mL 的审评杯注入 150 mL 的沸水，定时 3 min 并以茶筅搅拌，依次审评其汤色、香气与滋味。

C. 内质审评方法。

汤色：根据审评内容目测审评茶汤，应注意光线、评茶用具等的影响。可调换审评碗的位置以减少环境光线对汤色的影响。

香气：一手持杯，一手持盖，靠近鼻孔，半开杯盖，嗅评杯中香气，每次持续 2～3 s 后随即合上杯盖。可反复 1～2 次，根据审评内容判断香气的质量，并将热嗅（杯温约 75 ℃）、温嗅（杯温约 45 ℃）、冷嗅（杯温接近室温）结合进行。

滋味：用茶匙取适量（5 mL）茶汤于口内，通过吸吮使茶汤在口腔内循环打转，接触舌头各部位，根据审评内容审评滋味。审评滋味适宜的茶汤温度为 50 ℃。

叶底：精制茶采用黑色叶底盘，毛茶与乌龙茶等采用白色搪瓷叶底盘。操作时应将杯中的茶叶全部倒入叶底盘中，其中白色搪瓷叶底盘中要加入适量清水，让叶底漂浮起来，测评者根据审评内容，用目测、手感等方法审评叶底。

（6）审评结果与判定。

级别判定：

对照一组标准样品，比较未知茶样品与标准样品之间某一级别在外形和内质的相符程度（或差距）。对照一组标准样品的外形，从外形的形状、嫩度、色泽、整碎和净度五个方面综合判定未知样品等于或约等于标准样品中的某一级别，定义通过类比该未知样品的外形级别；从内质的汤色、香气、滋味与叶底四个方面综合判定未知样品等于或约等于标准样中的某一级别，通过类比定义该未知样品的内质级别。未知样最后的级别判定结果按"未知样的级别=（外形级别+内质级别）/2"计算。

合格判定：

A. 评分。以成交样或标准样相应等级的色、香、味、形的品质要求为水平依据，按规定的成品茶品质审评因子（形状、整碎、净度、色泽、香气、滋味、汤色和叶底，如表 2 所示）和审评方法，将生产样对照标准样或成交样逐项对比审评，判断结果按"七档制"评审方法（如表 3 所示）进行评分。

表 2 各类成品茶品质评审因子

茶类	外形				内质			
	形状（A）	整碎（B）	净度（C）	色泽（D）	香气（E）	滋味（F）	汤色（G）	叶底（H）
绿茶	√	√	√	√	√	√	√	√
红茶	√	√	√	√	√	√	√	√
乌龙茶	√	√	√	√	√	√	√	√
白茶	√	√	√	√	√	√	√	√
黑茶（散茶）	√	√	√	√	√	√	√	√
黄茶	√	√	√	√	√	√	√	√
花茶	√	√	√	√	√	√	√	√
袋泡茶	√	×	√	×	√	√	√	√
紧压茶	√	×	√	√	√	√	√	√
粉茶	√	×	√	√	√	√	√	×
注："×"为非评审因子								

表3 "七档制"评审方法

七档制	评 分	说 明
高	+3	差异大，明显好于标准样
较高	+2	差异较大，好于标准样
稍高	+1	仔细辨别才能区分，稍好于标准样
相当	0	标准样或成交样的水平
稍低	−1	仔细辨别才能区分，稍差于标准样
较低	−2	差异较大，差于标准样
低	−3	差异大，明显差于标准样

B.结果计算。审核结果按下式计算：

$$Y=A_n+B_n+\cdots H_n$$

式中：

Y——茶叶审评总得分。

A_n，B_n，$\cdots$，H_n——各评审因子的得分。

C.结果判定。任何单一评审因子中得 −3 分者即可判定该样品为不合格产品；总得分 ≤ −3 分者即可判定该样品为不合格产品。

品质评定：

A.评分的形式。独立评分：整个审评过程由一个或若干个评茶员独立完成。

集体评分：整个审评过程由三人或三人以上（奇数）评茶员一起完成，参加审评的人员组成一个审评小组，推荐其中一人为主评。在审评过程中，由主评先评出分数，其他人员根据品质标准对主评出具的分数进行修改与确认，对观点差异较大的茶进行讨论，最后共同确定分数。如有争论，可投票决定。另外，还要加注评语，评语应参照 GB/T 14487—2017。

B.评分的方法。茶叶测评品质顺序的排列样品应在两只（含两只）以上，评分前工作人员对茶样进行分类、密码编号，审评人员在不了解茶样的来源、密码条件下进行盲评，根据审评知识与品质标准，按外形、汤色、香气、滋味和叶底"五因子"，采用百分制，在公平、公正条件下给每个茶样的每项因子进行评分，并加注评语。

C. 分数的确定。每个评茶员所评的分数相加的总和除以参加评分的人数所得的分数，即为该茶样的分数。

当独立评分评茶员人数达五人以上时，可在评分的结果中去除一个最高分和一个最低分，其余的分数相加的总和除以其人数即为所得的分数。

D. 结果计算。

E. 结果评定。根据计算结果审评的名次按分数从高到低的次序排列，如遇分数相同者，则按"滋味→外形→香气→汤色→叶底"的次序比较单一因子得分的高低，高者居前。

实验十六　乳及乳制品掺伪鉴别检验

一、实验目的

乳及乳制品营养成分完全，易于消化吸收，营养价值高。我国乳与乳制品行业发展迅速，产品质量明显提高，但仍存在掺假现象。这些掺伪方式会降低牛乳的营养价值，甚至危及人们的身体健康，因而了解乳及乳制品的掺伪鉴别检验非常重要。

二、实验内容

搜集乳及乳制品样品，通过资料搜集，了解乳及乳制品可能掺假的行为方式，并进行有针对性的检测。

三、实验结果

判断样品中是否存在掺伪的情况。

四、思考题

（1）乳及乳制品都有哪些常见的掺伪方式？

（2）哪种类型或来源的乳或乳制品容易出现掺假的情况？

五、参考资料：乳及乳制品常见掺假方式及检测方法

1. 牛奶新鲜度检验（酒精试验）

（1）原理：允许销售的牛乳的酸度不大于 20°T。酸度大于 20°T 的牛乳中的酪蛋白在遇到 68% 的酒精时，将形成絮状沉淀，因而可用 68% 的中性酒精检验牛乳的酸度是否超标。

（2）仪器及试剂。

碱式滴定管、试管、吸管；1% 酚酞指示剂。40% 氢氧化钠溶液：称取 20 g 氢氧化钠溶于 500 mL 蒸馏水中；68% 中性酒精：用吸量管精确吸取 17 mL 95% 酒精于干燥、洁净的 50 mL 锥形瓶中，加入 1～2 滴 1% 酚酞。摇匀后，用氢氧化钠溶液滴定至酚酞指示剂刚显粉红色，记下所用氢氧化钠溶液的体积。然后，用吸量管向锥形瓶中精确加入 V mL（V=6.25 mL，用以中和酒精所用的氢氧化钠体积）新煮沸过并冷却的蒸馏水，摇匀，即得 68% 的中性酒精。用橡皮塞塞住锥形瓶口备用。

注：现配现用。

（3）操作步骤：在干燥、洁净的试管中，加入 3 mL 待检乳，再加入等体积的 68% 的中性酒精，摇匀，观察其反应现象。若出现絮状沉淀，则说明乳的酸度超过 20°T；若未出现絮状沉淀，则说明乳的酸度不高于 20°T。

2. 牛奶密度检测

（1）原理：密度计法。牛乳的相对密度应在 20 ℃下测定。正常牛乳的相对密度在 20 ℃时应为 1.028～1.032。则需加以校正，校正值的计算方法：

$$校正值 =（实测温度 -20）× 0.000\ 2$$

此种矫正方法只限于实测温度在（20±5）℃。牛乳在此温度范围下的相对密度应为实测密度与校正值的代数和。

（2）操作步骤：将样品混匀后，小心倒入干燥、洁净的 250 mL 量筒中。注意不要产生泡沫（若有泡沫，则需用滤纸把泡沫吸掉）。将乳稠计小心地放入样品中，至刻度 30°处，放开手，令其自由浮动，但不要与量筒壁接触。待乳稠计平稳后，读取数据。

（3）牛乳相对密度的计算。

用 15 ℃/15 ℃乳稠计测定时，计算公式如下：

牛乳相对密度 =1+0.001× 乳稠计读数 +（实测温度 -20）× 0.000 2

用 20 ℃/4 ℃乳稠计测定时，计算公式如下：

牛乳相对密度 =1+0.001×（乳稠计读数 +2）+（实测温度 –20）×0.000 2

说明：①读取数据时，眼睛应与筒内牛乳的液面在同一水平面上，否则读取的数据将偏低或偏高；②掺水会降低牛乳的相对密度，抽出脂肪会提高牛乳的相对密度。如果既抽出脂肪又掺水，则难以发现牛乳相对密度的显著变化，这种情况必须结合牛乳脂肪的测定进行检验。

3. 牛奶滴定酸度测定（氢氧化钠滴定法）

（1）原理：以酚酞为指示剂，用 0.1 mol/L NaOH 标准溶液滴定 100 mL 乳样中的酸，至终点时所消耗氢氧化钠溶液的体积即为牛乳的酸度。

（2）仪器及试剂。碱式滴定管、250 mL 锥形瓶、吸管；1% 酚酞指示剂、0.1 mol/L NaOH 标准溶液。

（3）操作步骤。用移液管精确吸取 10 mL 待检乳于 250 mL 锥形瓶中，加入 20 mL 新煮沸过又冷却的蒸馏水和 2 ～ 3 滴酚酞指示剂，摇匀后，用标准氢氧化钠溶液滴定至酚酞刚显粉红色，并在 1 min 内不退色为止，记下所消耗的 NaOH 溶液体积。

重复测定 1 次。两次滴定之差不得大于 0.05 mL，否则需要重复滴定。取 2 次所消耗的 NaOH 溶液体积的平均值 V mL，按下式计算样品乳的酸度：

乳的酸度（°T）=$C×V×10/0.1×M$

式中：

C——实际测定中所用的氢氧化钠溶液的浓度，单位为摩尔每升（mol/L）；

V——2 次所消耗的氢氧化钠溶液体积的平均值，单位为毫升（mL）。

若测定的酸度小于 16°T，可认为牛乳掺有中和剂（如碳酸钠），或乳腺炎乳；若在 16 ～ 18 °T，可认为是正常新鲜乳；若大于 20 °T，则为陈旧发酵乳。

4. 牛乳掺米汤（淀粉）、豆浆、食用碱、食盐、芒硝、尿素等的检验

（1）牛乳掺米汤（淀粉）的检验。

原理：米汤中含有淀粉，淀粉遇碘变蓝色。

试剂：1% 碘溶液（用蒸馏水溶解 KI4 g，$I_2$2 g，移入 100 mL 容量瓶中，加蒸馏水至刻度制成）。

操作步骤：取被检牛乳 5 mL 于试管中，稍煮沸，冷却后加入 2 ～ 3 滴碘液。若出现蓝色或蓝青色，则表明乳样中掺有淀粉或米汤。

（2）牛乳掺豆浆的检验。

方法 1：脲酶检验法。

原理：豆浆含有脲酶，脲酶催化水解碱 – 镍缩二脲试剂后，与二甲基乙二肟的酒

精溶液反应，生成红色沉淀。试剂：①碱－镍缩二脲试剂，取 1 g 硫酸镍溶于 50 mL 蒸馏水后，加入 1 g 缩二脲，微热溶解后加入 15 mL 1 mol/L NaOH，滤去生成的氢氧化镍沉淀，置于棕色瓶中保存。本试剂存放时间过长会出现浑浊，经再次过滤后仍可使用。② 1% 二甲基乙二肟的酒精溶液。

操作步骤：在白瓷点滴板上的 2 个凹槽处各加入 2 滴碱－镍缩二脲试剂澄清液，再向 1 个凹槽滴加 1 滴 NaOH 溶液，将其调成中性或弱碱性的待检乳样，向另一个凹槽中滴加 1 滴水，在室温下放置 10 ～ 15 min，然后往每个凹槽中各加入 1 滴二甲基乙二肟的酒精溶液。若有二甲基乙二肟络镍的红色沉淀生成，则说明牛乳中掺有豆浆。作为对照的空白试剂，应仍维持黄色或仅有趋于变成橙色的微弱变化。

方法 2：加碱检验法。

原理：豆浆中含有皂角素，可与浓 NaOH（或 KOH）溶液反应生成黄色物质。

试剂：乙醇－乙醚（1：1）混合液，25%NaOH 溶液。

操作步骤：取 2 个 50 mL 锥形瓶，1 个加入乳样 20 mL，另一个加入 20 mL 新鲜、正常的牛乳作为对比。向 2 个锥形瓶中各加入乙醇－乙醚（1：1）混合液 3 mL、25%NaOH 溶液 5 mL，摇匀后放置 5 ～ 10 min。对照瓶中牛乳应呈暗白色。待检乳样呈微黄色，表示有豆浆掺入。该方法灵敏度不高，当豆浆掺入量大于 10% 时才能被检出。

（3）牛乳掺食用碱的检验。

原理：玫瑰红酸与碱性物质呈现玫瑰红色。

试剂：0.05% 玫瑰红酸的酒精溶液（溶解 0.05 g 玫瑰红酸于 100 mL 95% 酒精中制成）。

操作步骤：取被检牛乳 5 mL 于试管中，加入 5 mL 0.05% 玫瑰红酸酒精溶液，摇匀，观察其颜色反应。若试样出现玫瑰红色，表示牛乳中掺有像碳酸钠这样的碱性物质。天然牛乳呈淡褐黄色。

（4）牛乳掺食盐的检验。

原理：在牛乳中加入一定量的铬酸钾溶液和硝酸银溶液，由于正常、新鲜牛乳中氯离子含量很低（0.09% ～ 0.12%），硝酸银主要与铬酸钾反应，生成红色铬酸银沉淀。如果牛乳中掺有 NaCl，由于氯离子浓度很大，硝酸银此时主要与氯离子反应，生成 AgCl 沉淀，并且被铬酸钾染成黄色。

试剂：10% 铬酸钾溶液；0.01 mol/L AgNO$_3$ 溶液（精确称取 1.700 g AgNO$_3$ 于烧杯中，用少量去离子水溶解后，定量转移至 1 000 mL 容量瓶中，定容，保存于棕色瓶中）。

操作步骤：取 5 mL 0.01 mol/L 硝酸银溶液和 2 滴 10% 铬酸钾溶液于洁净试管中混匀，此时可出现红色铬酸银沉淀；然后，再加入待检乳样 1 mL，充分混匀。如果牛乳呈黄色，说明乳中 Cl^- 的含量大于 0.14%，可能掺有食盐；若仍为红色，则说明没有掺入氯化钠。

（5）牛乳掺芒硝（$Na_2SO_4 \cdot 10H_2O$）的检验。

原理：牛乳中掺有芒硝，可通过对 SO_4^{2-} 的鉴定来检验，而 SO_4^{2-} 的鉴定又可通过它干扰钡离子（Ba^{2+}）与玫瑰红酸钠溶液的反应得到确认。钡离子可与玫瑰红酸溶液反应生成红棕色沉淀。若有 SO_4^{2-} 存在，则钡离子先与 SO_4^{2-} 反应生成硫酸钡白色沉淀。

试剂：1% 氯化钡、20% 醋酸、1% 玫瑰红酸钠（此试剂最多保存 2 d）。

操作步骤：在试管中加入 5 mL 待检乳样、1 ～ 2 滴 20% 醋酸、4 ～ 5 滴 1% 氯化钡溶液和 2 滴玫瑰红酸钠溶液，摇匀，静置。正常新鲜牛乳由于生成玫瑰红酸钡沉淀而呈粉红色；掺有芒硝的牛乳因为大量 SO_4^{2-} 的存在，所以钡离子先与 SO_4^{2-} 反应生成硫酸钡白色沉淀，并被玫瑰红酸钠溶液染色而呈现黄色。

（6）牛乳掺尿素的检验。

原理：尿中含有肌酐，肌酐与苦味酸在 pH12 条件下，反应生成红色或橙红色苦味酸肌酐复合物。

试剂：饱和苦味酸溶液，取 2 g 苦味酸，加入蒸馏水 100 mL，加热煮沸，静置冷却，取上层清液置于棕色滴瓶中保存；10%NaOH 溶液。

操作步骤：取 5 mL 待检牛乳于试管中，加入 4 ～ 5 滴 NaOH 溶液，混匀，再加入 0.5 mL 饱和苦味酸溶液，摇匀，放置 10 ～ 15 min。正常牛乳呈现苦味酸固有的黄色，若呈现明显的红褐色则说明乳中掺有尿素或被牛尿污染了。

实验十七　塑料袋食品包装的鉴别检验

一、实验目的

了解并掌握塑料袋食品包装要求。

二、实验内容

了解食品标签的鉴别检验方法和食品质量标志要求。

三、实验方法

到市场或企业调查了解。

四、实验要求

举例叙述特征，说明塑料袋食品包装是否符合要求，进行总结，写出结论。

五、参考资料

食品标签标识常见的问题：

1. 基本问题

（1）产品商品名称与真实属性字号不同，如某一饮料产品"氨基酸"比"营养素饮料"字号大。

（2）宣传选用"名贵佐料""珍贵调料""五谷杂粮"，但配料表中未有体现。产品中有芝麻，但其配料表中并无标示"芝麻"。宣称使用富硒米和东北大米，实际为普通糯米。

注：宣传应真实、准确，不得以虚假、夸大、使消费者误解或欺骗性的文字、图形等介绍食品，也不得利用字号大小或色差误导消费者。

（3）产品中没有添加某种食品配料，仅添加了相关风味的香精香料，在产品标签上标示该种食品实物图案误导消费者将购买的食品或食品的某一性质与另一产品混淆。

注：不应直接或以暗示性的语言、图形、符号，误导消费者将购买的食品或食品的某一性质与另一产品混淆。

（4）宣传疗效、保健，如声称"提神、补脑""清热解毒"。

注：不应标注或者暗示具有预防、治疗疾病作用的内容，非保健食品不得明示或者暗示具有保健作用。

（5）部分茶叶产品标签内容写在合格证上。

注：标签不应与食品或者其包装物（容器）分离。

（6）标签单一标示繁体字，繁体字不属于规范汉字。

注：应使用规范汉字（商标除外）。具有装饰作用的各种艺术字应书写正确，易于辨认。

（7）使用了外文但没有标示对应的中文。

注：可以同时使用外文，但应与中文有对应关系。

（8）拼音、外文字体大于相应的中文字体。

注：可以同时使用拼音或少数民族文字，但拼音不得大于相应汉字。

（9）强制标示内容的字体高度小于 1.8 mm。

注：预包装食品包装物或包装容器最大表面面积大于 35 cm² 时，强制标示内容的文字、符号、数字的高度不得小于 1.8 mm。

（10）内外包装标示内容不一致。比如，生产日期标示不同：一个标 180 天，一个标半年。

注：单个销售单元的包装中含有不同品种、多个独立包装可单独销售的食品，每件独立包装的食品标识应当分别标注。

（11）外包装不易开启识别或透过外包装物能清晰地识别的礼盒包装，外包装未标示所有强制标示内容。

注：若外包装易于开启识别或透过外包装物能清晰地识别内包装物（容器）上的所有强制标示内容或部分强制标示内容，可不在外包装物上重复标示相应的内容，否则应在外包装物上按要求标示所有强制标示内容。

2. 名称问题

食品名称不能反映食品的真实属性或未选用产品标准所规定的名称。属性指事物（实体）本身固有的性质。食品的品名要求直接反映食品的真实属性。例如，饮料、啤酒、咖啡、饼干等，观其名即可知道其属性。但是，有些食品标签的品名不能或很难反映其本质属性，如大米标示为"泰香"等，膨化食品标示为"龙虾条""牛肉串"等。

注：应在食品标签的醒目位置清晰地标示反映食品真实属性的专用名称。

3. 配料表问题

（1）配料名称不规范，有国标的配料未标注标准名称，如糖未标注"白砂糖、绵白糖、冰糖、赤砂糖"，盐未标注"食用盐"，酱油未标注"酿造酱油、配制酱油"，鸡精未标注"鸡精调味料"，鲜蛋未标注"鲜鸡蛋"，等等。

注：预包装食品的标签上应标示配料表，配料表中的各种配料应清晰地标示反映食品真实属性的专用名称。

（2）单一配料（如饮用水、大米、茶叶、冰糖等）产品未标示配料。

注：单一配料的预包装食品应当标示配料表。

（3）加入量超过 2% 的配料未按递减顺序排列。

注：各种配料应按制造或加工食品时加入量的递减顺序一一排列；加入量不超过 2% 的配料可以不按递减顺序排列。

（4）复合配料未标示，如植脂末等未标示原始配料。

注：如果某种配料是由两种或两种以上的其他配料构成的复合配料（不包括复合食品添加剂），应在配料表中标示复合配料的名称，随后将复合配料的原始配料在括号内按加入量的递减顺序标示。当某种复合配料已有国家标准、行业标准或地方标准且其加入量小于食品总量的 25% 时，不需要标示复合配料的原始配料。

（5）复合配料中在终产品起工艺作用的食品添加剂未标示，如酱油应标示酱油（含焦糖色）。

注：复合配料中在终产品起工艺作用的食品添加剂应当标示。

（6）食品添加剂的具体名称未标示 GB 2760—2014 中的通用名称，如红曲粉未标注成"红曲米、红曲红"，阿斯巴甜未标注成"阿斯巴甜（含苯丙氨酸）"，呈味核苷酸二钠未标注成"'5'-呈味核苷酸二钠标"，属于咸味香精、商品名称为"牛肉粉"的未标注成"食用香精"，变性淀粉未标示 GB 2760—2014 中的通用名称。

注：食品添加剂应当标示其在 GB 2760—2014 中的通用名称。

（7）复配食品添加剂（如泡打粉等）未标示在终端产品中具有功能作用的每种食品添加剂。

注：应当在食品配料表中一一标示在终产品中具有功能作用的食品添加剂。

（8）标签强调高钙、高纤维、富含氨基酸，但没有标示其含量。

注：如果在食品标签或食品说明书上特别强调添加了或含有一种或多种有价值、有特性的配料或成分，应标示所强调配料或成分的添加量或在成品中的含量。

（9）标示"无糖""低糖""低脂""无盐"等，但未标示其含量。

注：如果在食品的标签上特别强调一种或多种配料或成分的含量较低或无时，应标示所强调配料或成分在成品中的含量。

4.净含量规格问题

（1）标题标示错误，如标成"净重""毛重"。

注：净含量的标示应由净含量、数字和法定计量单位组成。

（2）净含量与食品名称不在同一展示面上。

注：净含量应与食品名称在包装物或容器的同一展示版面标示。

（3）桶装饮用水、大包装食品的净含量字符高度不符合要求。净含量字符的最小高度应符合规定。

（4）未采用法定计量单位，如体积单位标示为"公升"，质量单位标示为"公斤"。

（5）kg、mL 等单位大小写书写不规范。

注：应依据法定计量单位，按以下形式标示包装物（容器）中食品的净含量。①液态食品，用体积升（L）、毫升（mL）（ml），或用质量克（g）、千克（kg）；②固态食品，用质量克（g）、千克（kg）；③半固态或黏性食品，用质量克（g）、千克（kg）或体积升（L）、毫升（mL）（ml）。

5. 品质等级问题

食品，如大米、小米、挂面、茶叶等产品执行标准中规定质量等级的未标示。

注：食品所执行的相应产品标准已明确规定质量（品质）等级的应标示质量（品质）等级。

6. 认证问题

违规标示"有机产品""有机转换产品""无污染""纯天然"等其他误导公众的文字表述。

注：未获得有机产品认证的产品，不得在产品或者产品包装及标签上标注"有机产品""有机转换产品""无污染""纯天然"等其他误导公众的文字表述。

7. 辐照问题

（1）使用辐照杀菌食品未标示。

注：经电离辐射线或电离能量处理过的食品应在食品名称附近标示"辐照食品"。

（2）使用辐照蔬菜、香辛料等原料未标示辐照。

注：经电离辐射线或电离能量处理过的食品应在食品名称附近标示"辐照食品"。

8. 过敏原问题

原料含有花生、大豆、乳制品、坚果等未标注过敏原。

注：以下食品及其制品可能导致过敏反应，如果用作配料或加工时带入，宜在配料表中使用易辨识的名称，或在配料表邻近位置加以提示。

①含有麸质的谷物及其制品（如小麦、黑麦、大麦、燕麦、斯佩耳特小麦或它们的杂交品系）；②甲壳纲类动物及其制品（如虾、蟹等）；③鱼类及其制品；④蛋类及其制品；⑤花生及其制品；⑥大豆及其制品；⑦乳及乳制品（包括乳糖）；⑧坚果及其果仁类制品。

9. 其他特殊规定

（1）产品类型：糖果和巧克力、碳酸和果蔬汁饮料、茶饮料、固体饮料、冷冻饮品、葡萄酒和黄酒（干、半干、半甜、甜型）、蜂产品（蜂蜜、蜂花粉）标"花的类型"等。

（2）酒精度：凡是饮料酒都必须标注"酒精度"。

（3）蛋白质：蛋白饮料（植物蛋白饮料、含乳蛋白饮料）、乳制品等应标注"蛋白质含量。

（4）果蔬汁：水果汁、蔬菜汁及其饮料、水果酒（除葡萄酒外）等应标注"果蔬汁含量。

（5）其他：巧克力应标注可可脂含量；用类（代）可可脂也要标注类（代）可可脂含量。

10. 具体标示内容

（1）食品名称。①标注位置：醒目位置。②标注原则：反映食品真实属性。③标注方法：优先选择标准已有的名称；若无标准规定名称，应选择消费者熟知的通俗名称；选用名称应真实易懂，不产生误解和混淆。④对于新创名称、奇特名称、音译名称、牌号名称、地区俚语名称或商标名称，应在同一版面标注真实属性的专用名称；名称容易混淆误导时，应在临近位置使用同一字号标示反应真实属性的专用名称；真实属性名称因字号不同而引起误解时应使用同一字号标示。

（2）配料表。

①基本原则：真实标注所有配料；递减顺序，加入量 ≤ 2% 的配料顺序不限。②引导语：配料、配料表（普通食品）；原料、原料与辅料（发酵产品使用，如酒、酱油、食醋）；复合配料需标示原始配料；加入量 < 25% 且已有国标 / 行标 / 地标的除外（如酱油）；可食用包装物应标示原始配料；加入量 < 25% 且已有国标 / 行标 / 地标的除外（如胶原蛋白肠衣）。③食品添加剂的标示形式，应标示其在 GB 2760—2014 中的通用名称：食品添加剂具体名称，丙二醇；食品添加剂功能类别 + 国际编码（INS 号），增稠剂（1520）；食品添加剂功能类别 + 具体名称，增稠剂（丙二醇）。④食品添加剂在配料表中的标示形式：各配料按加入量递减顺序标示；列项标示。

⑤复配食品添加剂的标示。复配食品添加剂命名原则：由单一功能食品添加剂复配而成，"复配"+"功能类别名称"；由多种功能食品添加剂复配而成，"复配"+"功能类别名称"（全部功能／主要功能）。标示关键点：所有在终产品中起工艺作用的食品添加剂均需标示出来。⑥部分配料的标示方法。配料的定量标示：添加或含有一种或多种有价值、有特性的配料或成分，应定量标示；仅名称提及，未特别强调不需定量标示；特别强调一种或多种配料或成分含量较低或无时，应定量标示。

（3）净含量。格式："净含量"（中文）+ 具体数值 + 法定计量单位；位置：与食品名称在同一展示版面。

（4）规格。①同一预包装内如果含有多件预包装食品，大包装在标示净含量的同时，应标示规格。②标示方式：由单件预包装食品净含量与件数组成，或只标示件数，可不标示"规格"两字。③同一预包装内含有多件同种类的预包装食品：净含量（或净含量／规格）为400克（4×100克）。④同一预包装内含有多件不同种类的预包装食品：净含量（或净含量／规格）为200克（A产品40克×3，B产品40克×2）。

（5）生产者、经销者的名称、地址和联系方式。①应当标注生产者的名称、地址和联系方式。②生产者：依法登记注册，能够承担产品安全质量责任。③依法独立承担法律责任的集团公司、集团公司的子公司应标示各自的名称和地址。④依法不能独立承担法律责任的集团公司的分公司或集团公司的生产基地可以标示集团公司和分公司（生产基地）的名称、地址，也可以只标示集团公司的名称、地址及产地。

（6）生产日期与保质期。①应清晰地标示预包装食品的生产日期和保质期（日期不得另外加贴、补印或篡改）。②生产日期：食品成为最终产品的日期（包括包装／灌装日期）。③保质期：预包装食品在标签指明的贮存条件下保持品质的期限。在此期限内，产品完全适用于销售，并保持标签中不必说明或者已经说明的特有品质。④日期标示采用见包装物某部位的方式，应标示所在包装物的具体部位，如生产日期见底盖、见封口、见瓶盖等。⑤当同一预包装内含有多个标示了生产日期及保质期的单件预包装食品时，外包装分别标示各单件食品的生产日期和保质期。生产日期，标示外包装形成销售单元的日期；保质期，标示最早到期的食品的保质期。生产日期，标示最早生产的单件食品的生产日期；保质期，标示最早到期的食品的保质期。

（7）产品标准号。预包装食品（进口预包装食品除外）应标示企业执行的国家标准、行业标准、地方标准或经备案的企业标准的代号和顺序号。

（8）生产许可证编号。实施生产许可证管理的食品应当标注食品生产许可证编号。

实验十八 食品中非法添加物的检测

一、实验目的

（1）了解食品中都有哪些常见的非法添加物。

（2）了解非法添加物的检测方法。

（3）培养学生与时俱进的创新精神与诚信、担当的责任意识。

二、实验内容

搜集各种食品样品，通过资料搜集，了解其是否含有非法添加物，并进行有针对性的检测。

三、实验结果

判断样品中是否存在非法添加的情况。

四、思考题

（1）食品中有哪些常见的非法添加物？

（2）哪种类型或来源的食品容易出现非法添加的情况？

食品中可能违法添加的非食用物质名单（47 种），见表 1。

表 1　食品中可能违法添加的非食用物质名单（47 种）

序号	名　称	可能添加的食品品种	检测方法
1	吊白块	腐竹、粉丝、面粉、竹笋	《小麦粉与大米粉及其制品中甲醛次硫酸氢钠含量的测定》（GB/T 21126—2007） 卫生部《关于印发面粉、油脂中过氧化苯甲酰测定等检验方法的通知》（卫监发〔2001〕159 号）附件 2 食品中甲醛次硫酸氢钠的测定方法

序号	名　称	可能添加的食品品种	检测方法
2	苏丹红	辣椒粉、含辣椒类的食品（辣椒酱、辣味调味品）	《食品中苏丹红染料的检测方法高效液相色谱法》（GB/T 19681—2005）
3	王金黄、块黄	腐皮	
4	蛋白精、三聚氰胺	乳及乳制品	《原料乳与乳制品中三聚氰胺检测方法》（GB/T 22388—2008） 《原料乳中三聚氰胺快速检测液相色谱法》（GB/T 22400—2008）
5	硼酸与硼砂	腐竹、肉丸、凉粉、凉皮、面条、饺子皮	无
6	硫氰酸钠	乳及乳制品	无
7	玫瑰红 B	调味品	无
8	美术绿	茶叶	无
9	碱性嫩黄	豆制品	
10	工业用甲醛	海参、鱿鱼等干水产品、血豆腐	《水产品中甲醛的测定》（SC/T 3025—2006）
11	工业用火碱	海参、鱿鱼等干水产品、生鲜乳	无
12	一氧化碳	金枪鱼、三文鱼	无
13	硫化钠	味精	无
14	工业硫磺	白砂糖、辣椒、蜜饯、银耳、龙眼、胡萝卜、姜等	无

序号	名　称	可能添加的食品品种	检测方法
15	工业染料	小米、玉米粉、熟肉制品等	无
16	罂粟壳	火锅底料及小吃类	参照上海市食品药品检验所自建方法
17	革皮水解物	乳与乳制品含乳饮料	乳与乳制品中动物水解蛋白鉴定——L（－）-羟脯氨酸含量测定法（检测方法由中国检验检疫科学院食品安全所提供）。该方法仅适应于生鲜乳、纯牛奶、奶粉。
18	溴酸钾	小麦粉	《小麦粉中溴酸盐的测定离子色谱法》（GB/T 20188—2006）
19	β-内酰胺酶（金玉兰酶制剂）	乳与乳制品	液相色谱法（该检测方法由中国检验检疫科学院食品安全所提供）
20	富马酸二甲酯	糕点	气相色谱法（检测方法由中国疾病预防控制中心营养与食品安全所提供）
21	废弃食用油脂	食用油脂	无
22	工业用矿物油	陈化大米	无
23	工业明胶	冰淇淋、肉皮冻等	无
24	工业酒精	勾兑假酒	无
25	敌敌畏	火腿、鱼干、咸鱼等制品	《食品中有机磷农药残留的测定》（GB/T 5009.20—2003）
26	毛发水	酱油等	无
27	工业用乙酸	勾兑食醋	《食醋卫生标准的分析方法》（GB/T 5009.41—2003）

序号	名　称	可能添加的食品品种	检测方法
28	肾上腺素受体激动剂类药物（盐酸克伦特罗、莱克多巴胺等）	猪肉、牛肉、羊肉及肝脏等	《动物源性食品中多种 β – 受体激动剂残留量的测定　液相色谱串联质谱法》（GB/T 22286—2008）
29	硝基呋喃类药物	猪肉、禽肉、动物性水产品	《动物源性食品中硝基呋喃类药物代谢物残留量检测方法　高效液相色谱/串联质谱法》（GB/T 21311—2007）
30	玉米赤霉醇	牛肉、羊肉及肝脏、牛奶	《动物源食品中玉米赤霉醇、β – 玉米赤霉醇、α – 玉米赤霉烯醇、β – 玉米赤霉烯醇、玉米赤霉酮和赤霉烯酮残留量检测方法，液相色谱 – 质谱/质谱法》（GB/T 21982—2008）
31	抗生素残渣	猪肉	无，需要研制动物性食品中测定万古霉素的液相色谱 – 串联质谱法
32	镇静剂	猪肉	《猪肾和肌肉组织中乙酰丙嗪、氯丙嗪、氟哌啶醇、丙酰二甲氨基丙吩噻嗪、甲苯噻嗪、阿扎哌垄、阿扎哌醇、咔唑心安残留量的测定，液相色谱 – 串联质谱法》（GB/T 20763—2006） 无，需要研制动物性食品中测定安定的液相色谱 – 串联质谱法
33	荧光增白物质	双孢蘑菇、金针菇、白灵菇、面粉	蘑菇样品可通过照射进行定性检测。面粉样品无检测方法
34	工业氯化镁	木耳	无
35	磷化铝	木耳	无
36	馅料原料漂白剂	焙烤食品	无，需要研制馅料原料中二氧化硫脲的测定方法

序号	名 称	可能添加的食品品种	检测方法
37	酸性橙Ⅱ	黄鱼、鲍汁、腌卤肉制品、红壳瓜子、辣椒面和豆瓣酱	无，需要研制食品中酸性橙Ⅱ的测定方法。参照江苏省疾控创建的鲍汁中酸性橙Ⅱ的高效液相色谱－串联质谱法（说明：水洗方法可作为补充,如果脱色,可怀疑是违法添加了色素）
38	氯霉素	生食水产品、肉制品、猪肠衣、蜂蜜	《动物源性食品中氯霉素类药物残留量测定》（GB/T 22338—2008）
39	喹诺酮类	麻辣烫类食品	无，需要研制麻辣烫类食品中喹诺酮类抗生素的测定方法
40	水玻璃	面制品	无
41	孔雀石绿	鱼类	《水产品中孔雀石绿和结晶紫残留量的测定 高效液相色谱荧光检测法》（GB 20361—2006）（建议研制水产品中孔雀石绿和结晶紫残留量测定的液相色谱－串联质谱法）
42	乌洛托品	腐竹、米线等	无，需要研制食品中六亚甲基四胺的测定方法
43	五氯酚钠	河蟹	《水产品中五氯苯酚及其钠盐残留量的测定 气相色谱法》（SC/T 3030—2006）
44	喹乙醇	水产养殖饲料	《水产品中喹乙醇代谢物残留量的测定 高效液相色谱法》（农业部 1077 号公告—5—2008）、《水产品中喹乙醇残留量的测定液相色谱法》（SC/T 3019—2004）
45	碱性黄	大黄鱼	无
46	磺胺二甲嘧啶	叉烧肉类	《畜禽肉中十六种磺胺类药物残留量的测定 液相色谱－串联质谱法》（GB/T 20759—2006）
47	敌百虫	腌制食品	《食品中有机磷农药残留量的测定》（GB/T5009.20—2003）

参考文献

[1] 全国人民代表大会常务委员会.中华人民共和国食品安全法 [Z].北京：中国法制出版社，2015.04.24

[2] 国家卫生和计划生育委员会.食品安全国家标准 食品添加剂使用标准：GB 2760—2014[S].北京：中国标准出版社，2014.

[3] 郝利平，聂乾忠，周爱梅，等.食品添加剂（第3版）[M].北京：中国农业大学出版社，2016.

[4] 胡国华.复合食品添加剂（第2版）[M].北京：化学工业出版社，2012.

[5] 贾旭东，张晓鹏.易滥用食品添加剂危害识别 [M].北京：人民卫生出版社，2014.

[6] 张甦.食品添加剂应用技术 [M].北京：人民卫生出版社，2018.

[7] 黄文.食品添加剂检验 [M].北京：中国计量出版社，2008.

[8] 吴海燕.食品添加剂及检测技术 [M].北京：中国环境出版社，2017.

[9] 彭珊珊，于化泓，石燕.掺假食品识别 300 招 [M].北京：中国轻工业出版社，2005.

[10] 余芳，施瑛.你不可不知的掺假食品识别 100 招 [M].南京：江苏科学技术出版社，2010.

[11] 高海生.食品质量优劣及掺假的快速鉴别 [M].北京：中国轻工业出版社，2002.

[12] 翁文川，谢建军.食用农产品掺伪鉴别手册 [M].广州：广东科技出版社，2018.

[13] 苏世彦.常见掺假食品的鉴别检验 [M].北京：中国轻工业出版社，1991.

[14] 高海生.食品质量优劣及掺假的快速鉴别 [M].北京：中国轻工业出版社，2002.

[15] 彭珊珊.食品掺伪鉴别检验（第三版）[M].北京：中国轻工业出版社，2017.

[16] 陈敏，王世平.食品掺伪检验技术 [M].北京：化学工业出版社，2007.

[17] 国家卫生和计划生育委员会，国家食品药品监督管理总局.食品安全国家标准 食品中维生素 A、D、E 的测定：GB 5009.82—2016 [S].北京：中国标准出版社，2016.

[18] 国家卫生和计划生育委员会.食品安全国家标准 食品中丙酸钠、丙酸钙的测定：GB 5009.120—2016[S].北京：中国标准出版社，2016.

[19] 国家卫生和计划生育委员会. 食品安全国家标准 食品中挥发性盐基氮的测定：GB 5009.228—2016[S]. 北京：中国质检出版社，2016.

[20] 国家卫生和计划生育委员会. 食品安全国家标准 食醋中游离矿酸的测定：GB 5009.233-2016[S]. 北京：中国质检出版社，2016.

[21] 国家卫生和计划生育委员会. 食品安全国家标准 动植物油脂水分及挥发物的测定：GB 5009.236-2016[S]. 北京：中国质检出版社，2016.

[22] 国家卫生和计划生育委员会. 食品安全国家标准 生乳冰点的测定：GB 5413.38-2016[S]. 北京：中国质检出版社，2016.

[23] 卫生部. GB/T 4789.27-2008 食品卫生微生物学检验 鲜乳中抗生素残留检验：GB/T 10345-2007 [S]. 北京：中国标准出版社，2008.

[24] 国家质量监督检验检疫总局，国家标准化管理委员会. 白酒分析方法：GB/T 10345-2007[S]. 北京：中国标准出版社，2007.

[25] 国家质量监督检验检疫总局. GB/T 12143-2008 饮料通用分析方法 [S]. 北京：中国标准出版社，2008.12.31.

[26] 国家质量监督检验检疫总局. 出口罐头食品中尿素残留量的测定：SN/T 1004-2013[S]. 北京：中国标准出版社，2013

[27] 国家标准化管理委员会，国家质量监督检验检疫总局. 茶叶感官审评方法：GB/T 23776-2018[S]. 北京：中国质检出版社，2018.

[28] 国家卫生和计划生育委员会，国家食品药品监督管理总局. 食品安全国家标准 食品中淀粉的测定：GB 5009.9-2016[S]. 北京：中国质检出版社，2016.

[29] 国家食品药品监督管理总局，国家卫生和计划生育委员会. 食品安全国家标准 食品中9种抗氧化剂的测定：GB 5009.32-2016[S]. 北京：中国标准出版社，2016.

[30] 国家卫生和计划生育委员会. 食品安全国家标准 食品中氨基酸态氮的测定：GB 5009.235-2016[S]. 北京：中国质检出版社，2016.